全国职业院校机械类专业通用教材

数控车工技能训练图册

崔兆华　主编

中国劳动社会保障出版社

简介

本图册分为基本技能篇、综合技能篇、鉴定考核篇三部分，涵盖国家职业技能标准《车工（2018年版）》中对数控车工的技能要求，图例丰富多样，贴近生产实际，内容循序渐进，在教学上具有良好的操作性。

本图册既可作为相关技能训练教材的配套用书，也可作为培训教材单独使用。

本图册由崔兆华任主编，韩鸿鸾、逯伟、张斌、张立朋、付荣、朱佳敏、马春阳参加编写，王希波任主审。

图书在版编目（CIP）数据

数控车工技能训练图册 / 崔兆华主编．-- 北京：中国劳动社会保障出版社，2020

全国职业院校机械类专业通用教材

ISBN 978-7-5167-4643-1

Ⅰ．①数⋯　Ⅱ．①崔⋯　Ⅲ．①数控机床－车床－车削－职业教育－教材　Ⅳ．①TG519.1

中国版本图书馆 CIP 数据核字（2020）第 195953 号

中国劳动社会保障出版社出版发行

（北京市惠新东街 1 号　邮政编码：100029）

＊

北京市艺辉印刷有限公司印刷装订　新华书店经销

787 毫米 ×1092 毫米　16 开本　7 印张　145 千字

2020 年 11 月第 1 版　2024 年 5 月第 2 次印刷

定价：14.00 元

营销中心电话：400-606-6496

出版社网址：http://www.class.com.cn

http://jg.class.com.cn

目　　录

基本技能篇

一、车端面、外圆柱面和倒角（一）

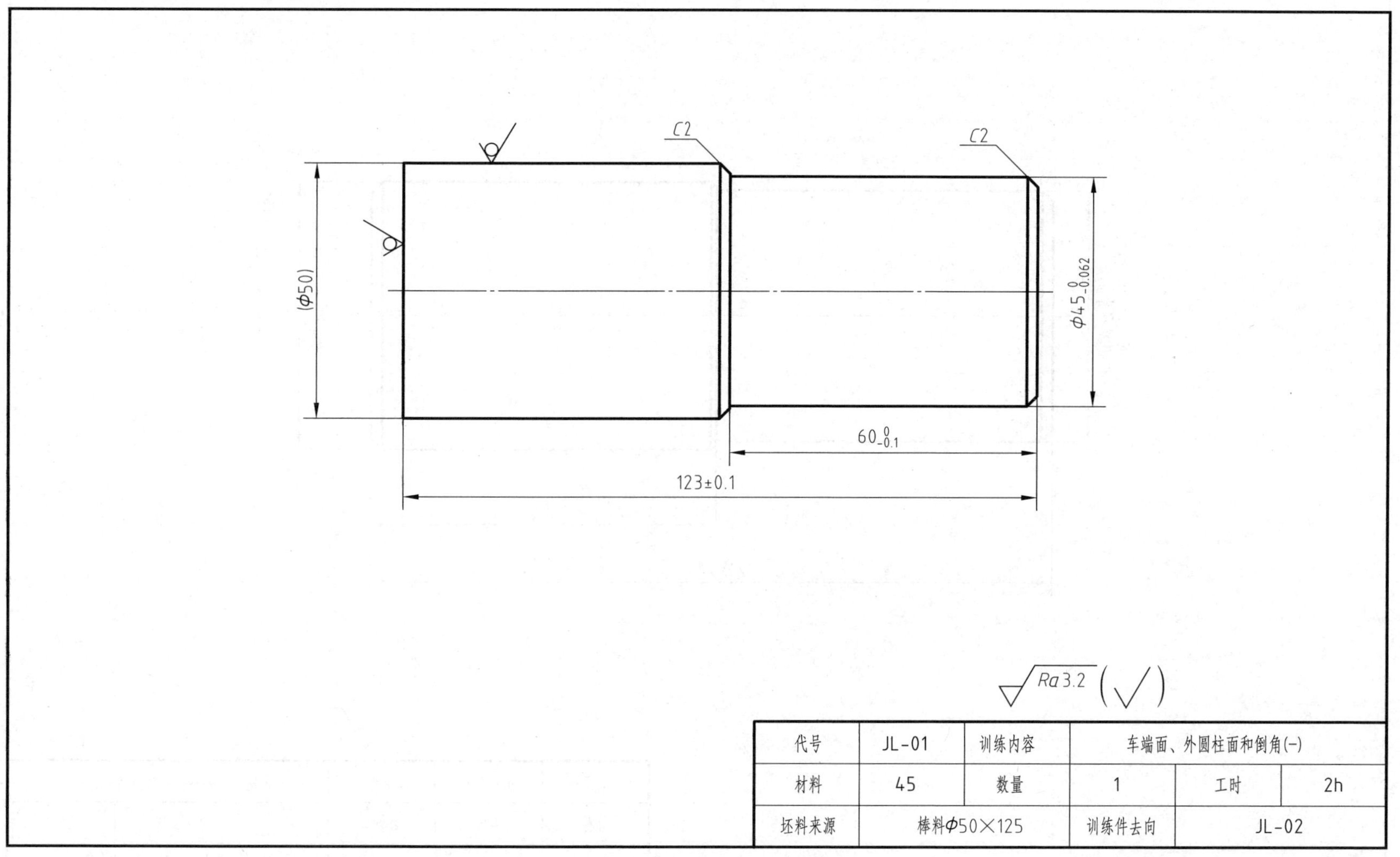

注：基本技能训练图样标注了每次加工尺寸和表面质量要求，图样中括号内的尺寸为不加工轮廓尺寸。

二、车端面、外圆柱面和倒角（二）

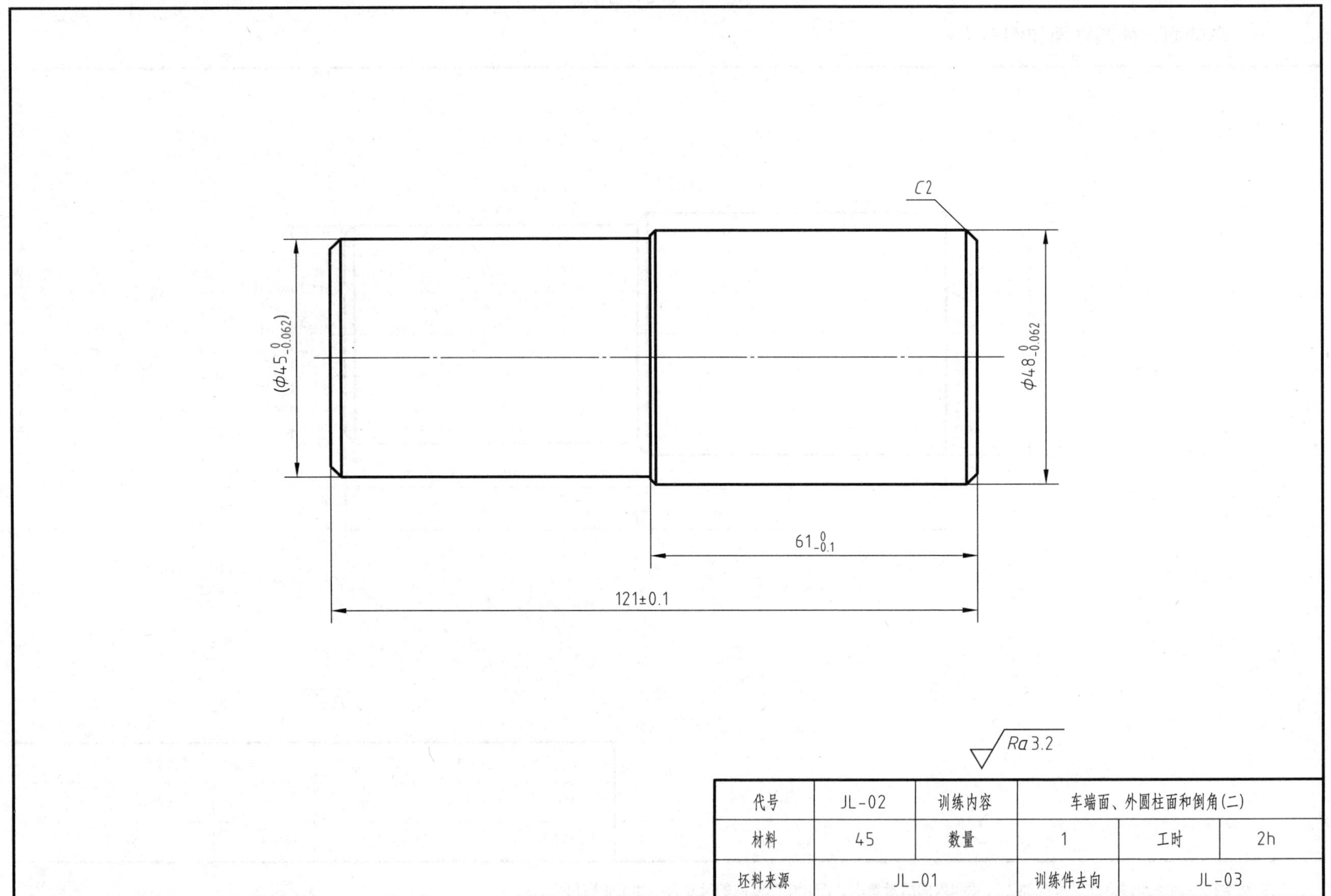

代号	JL-02	训练内容	车端面、外圆柱面和倒角(二)		
材料	45	数量	1	工时	2h
坯料来源	JL-01		训练件去向	JL-03	

三、车端面、外圆柱面和倒角（三）

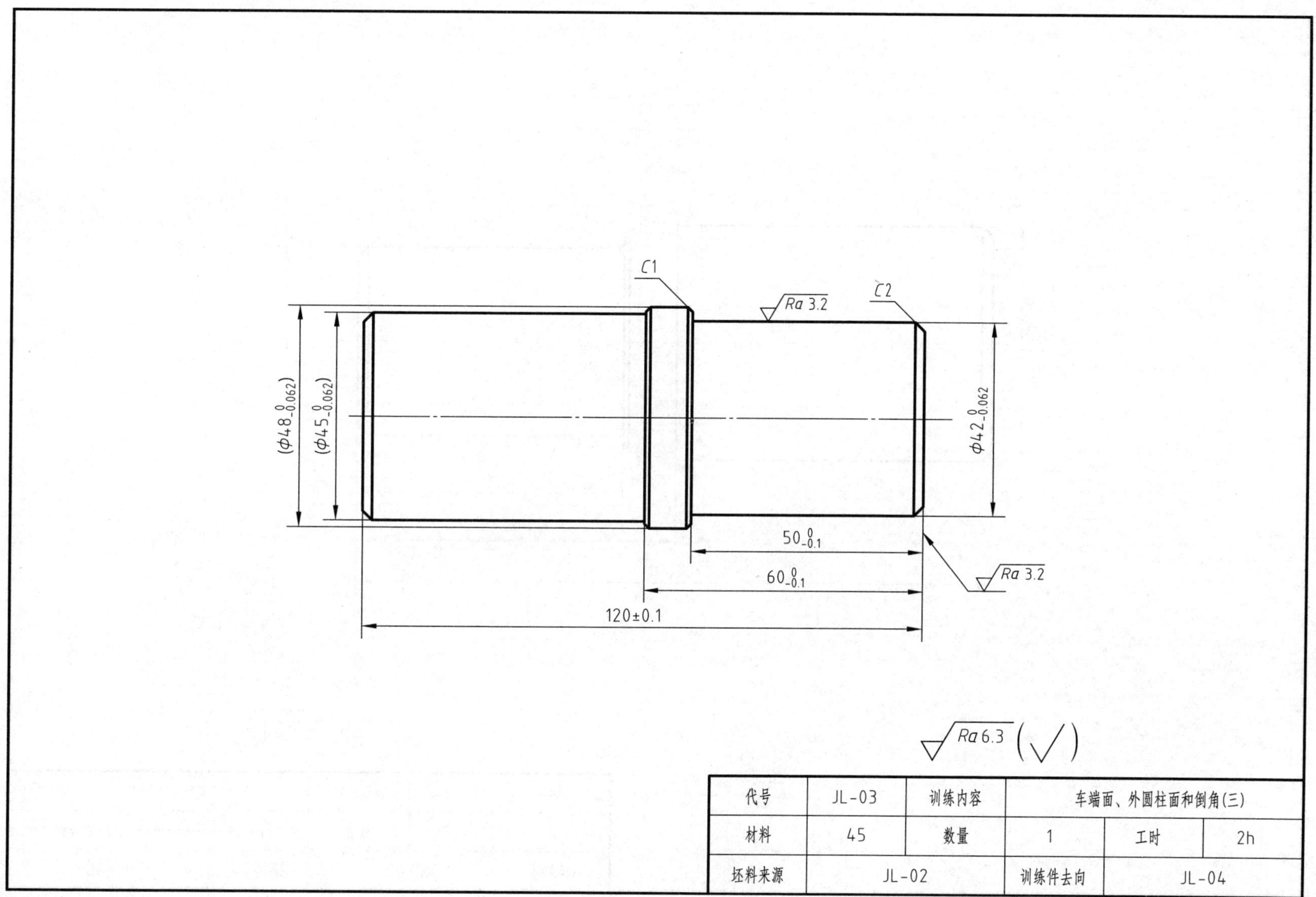

代号	JL-03	训练内容	车端面、外圆柱面和倒角(三)		
材料	45	数量	1	工时	2h
坯料来源	JL-02		训练件去向	JL-04	

四、车台阶轴（一）

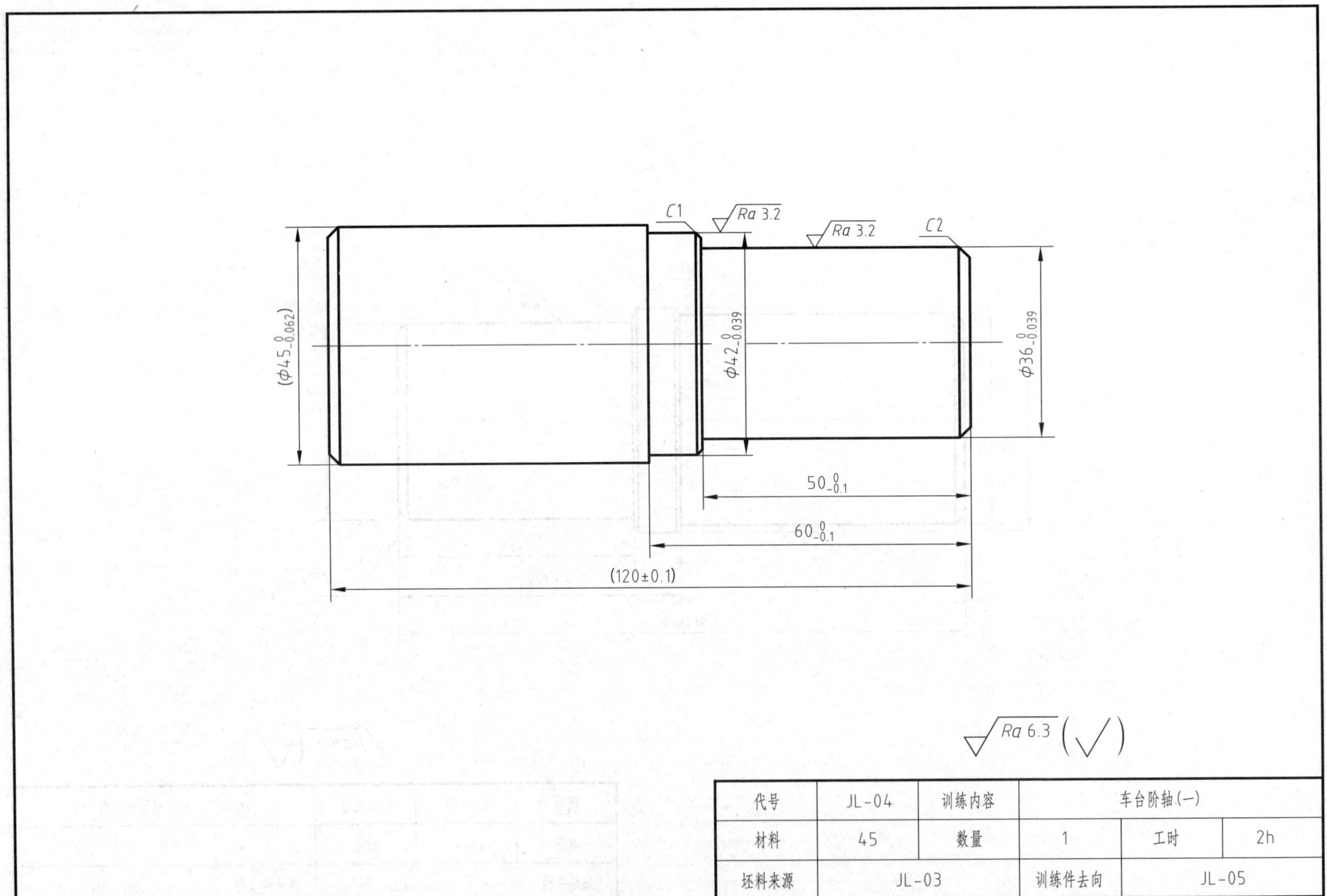

代号	JL-04	训练内容	车台阶轴(一)		
材料	45	数量	1	工时	2h
坯料来源	JL-03		训练件去向	JL-05	

五、车台阶轴（二）

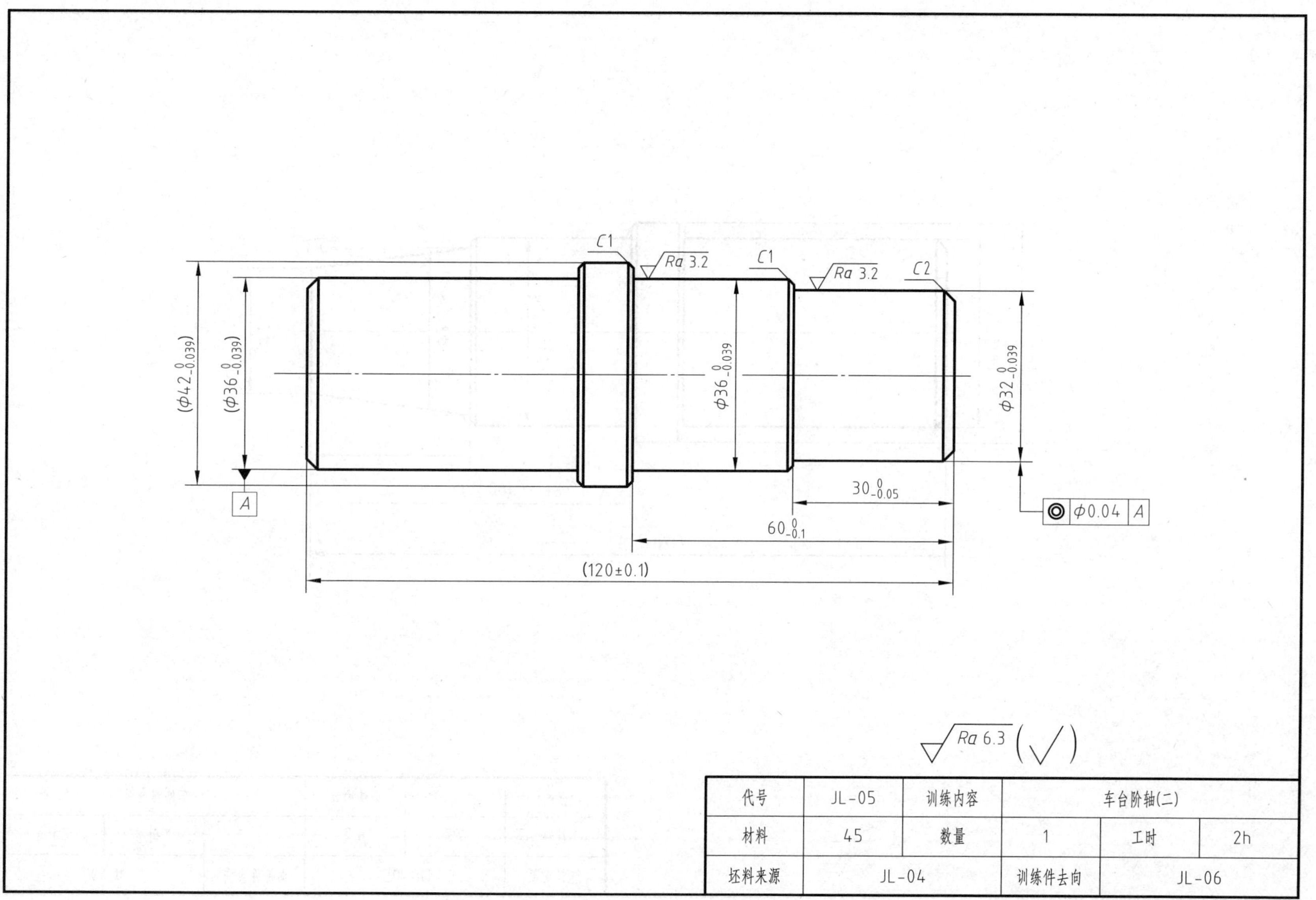

代号	JL-05	训练内容	车台阶轴(二)		
材料	45	数量	1	工时	2h
坯料来源	JL-04		训练件去向	JL-06	

六、车外圆锥面

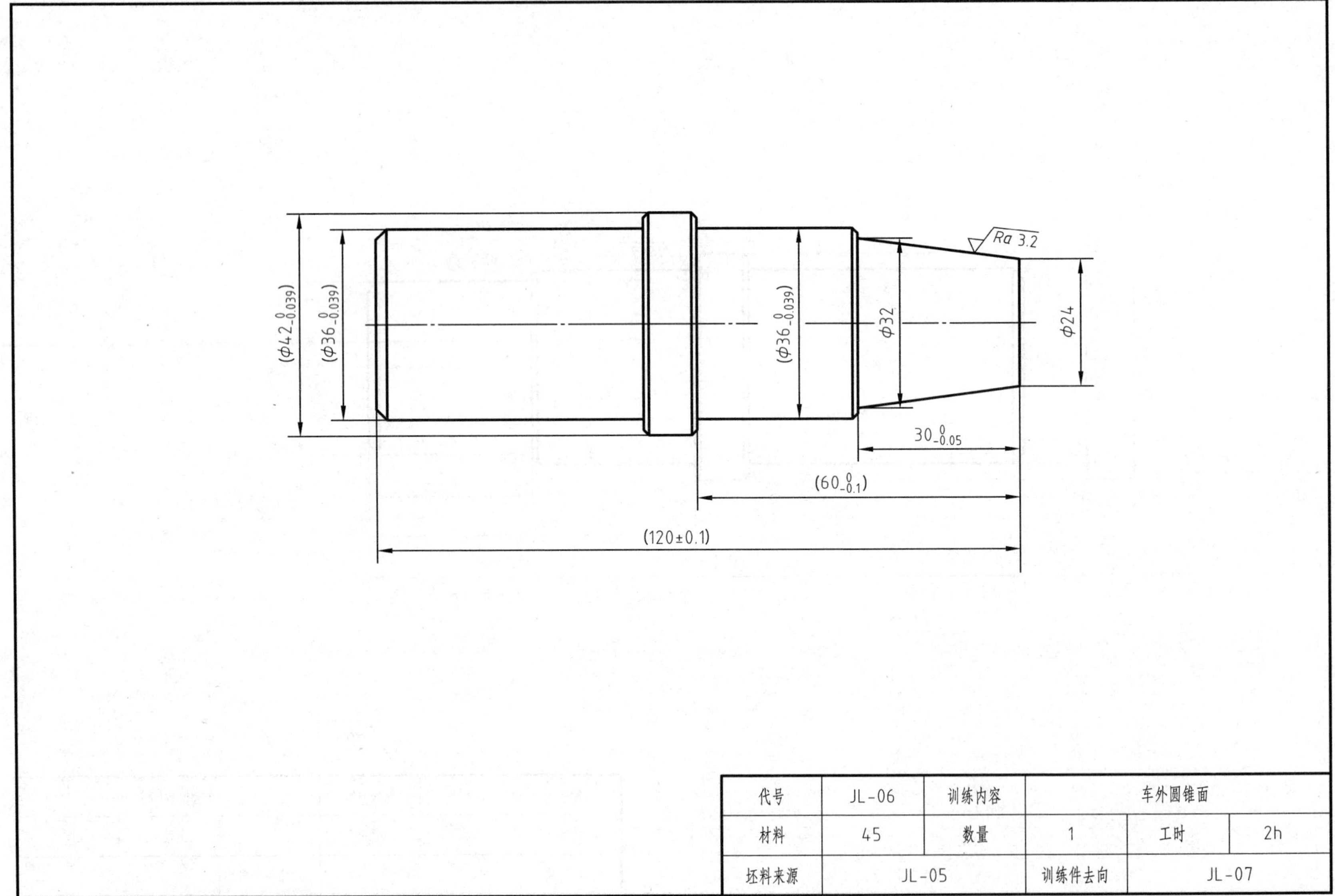

代号	JL-06	训练内容	车外圆锥面		
材料	45	数量	1	工时	2h
坯料来源	JL-05		训练件去向	JL-07	

七、车外圆柱面和外圆锥面

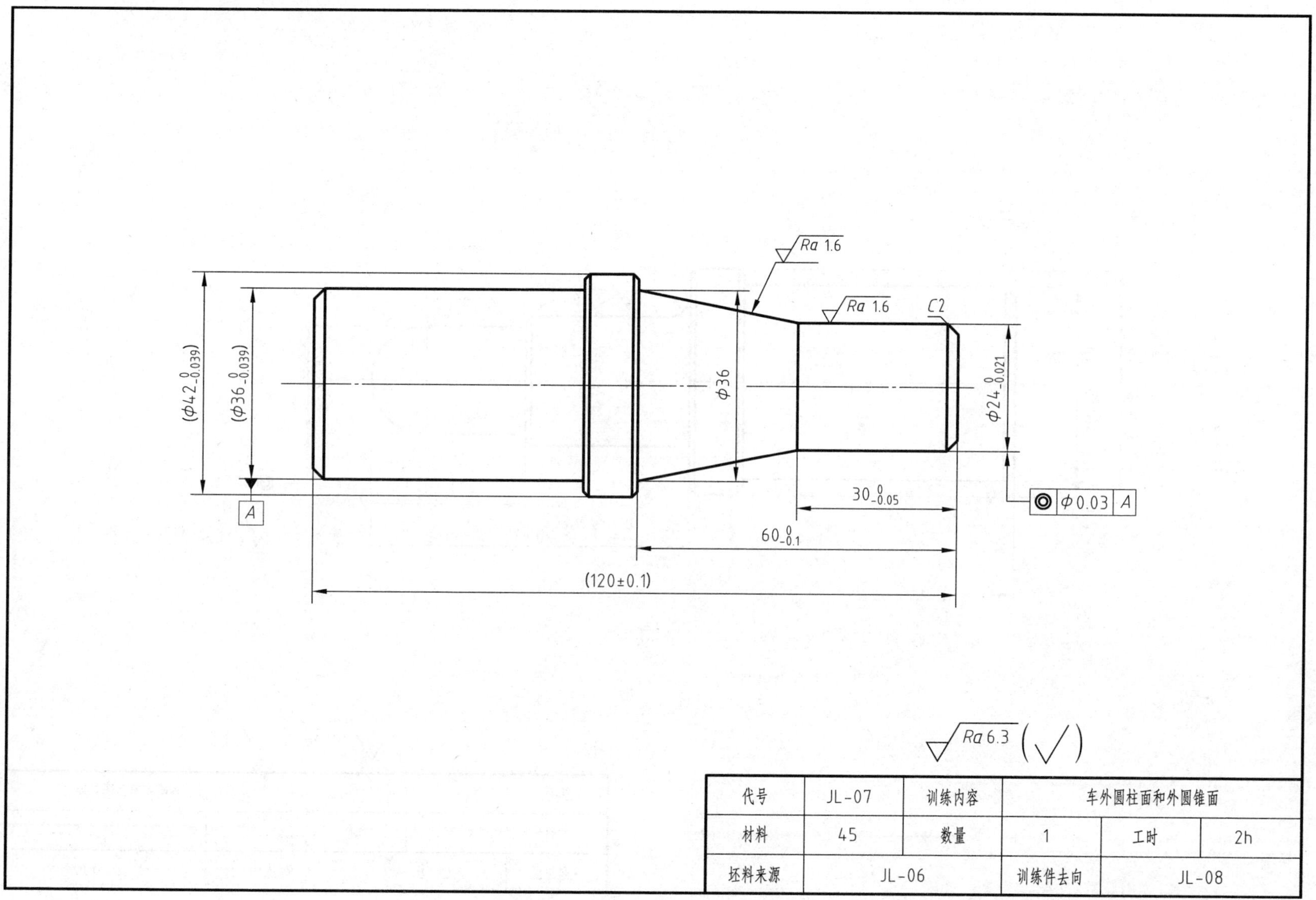

代号	JL-07	训练内容	车外圆柱面和外圆锥面		
材料	45	数量	1	工时	2h
坯料来源	JL-06		训练件去向	JL-08	

八、车半球面、外圆柱面和圆弧面

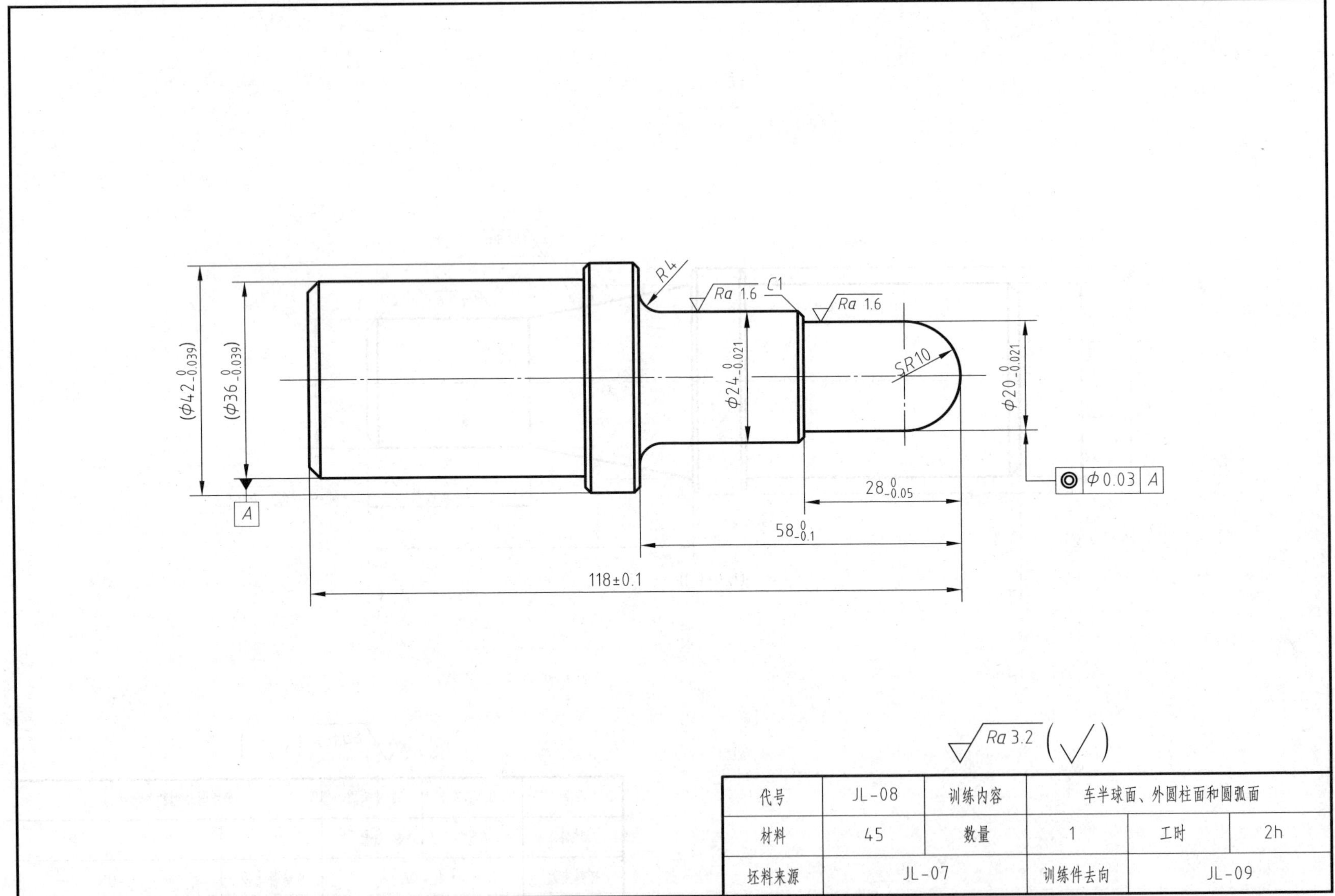

代号	JL-08	训练内容	车半球面、外圆柱面和圆弧面		
材料	45	数量	1	工时	2h
坯料来源	JL-07		训练件去向	JL-09	

九、车外圆柱面和凹圆弧面

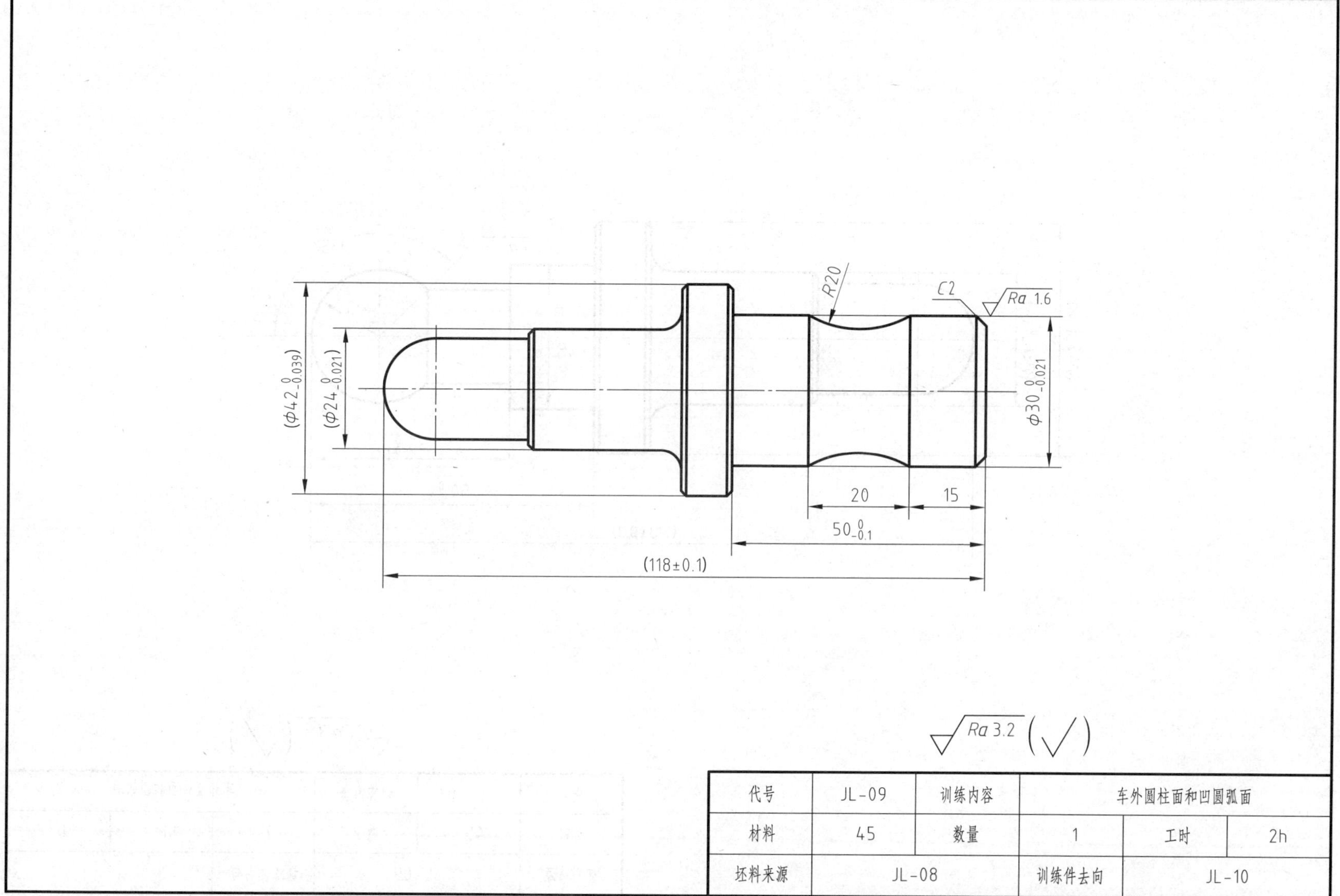

代号	JL-09	训练内容	车外圆柱面和凹圆弧面		
材料	45	数量	1	工时	2h
坯料来源	JL-08		训练件去向	JL-10	

十、车外圆柱面和圆球面

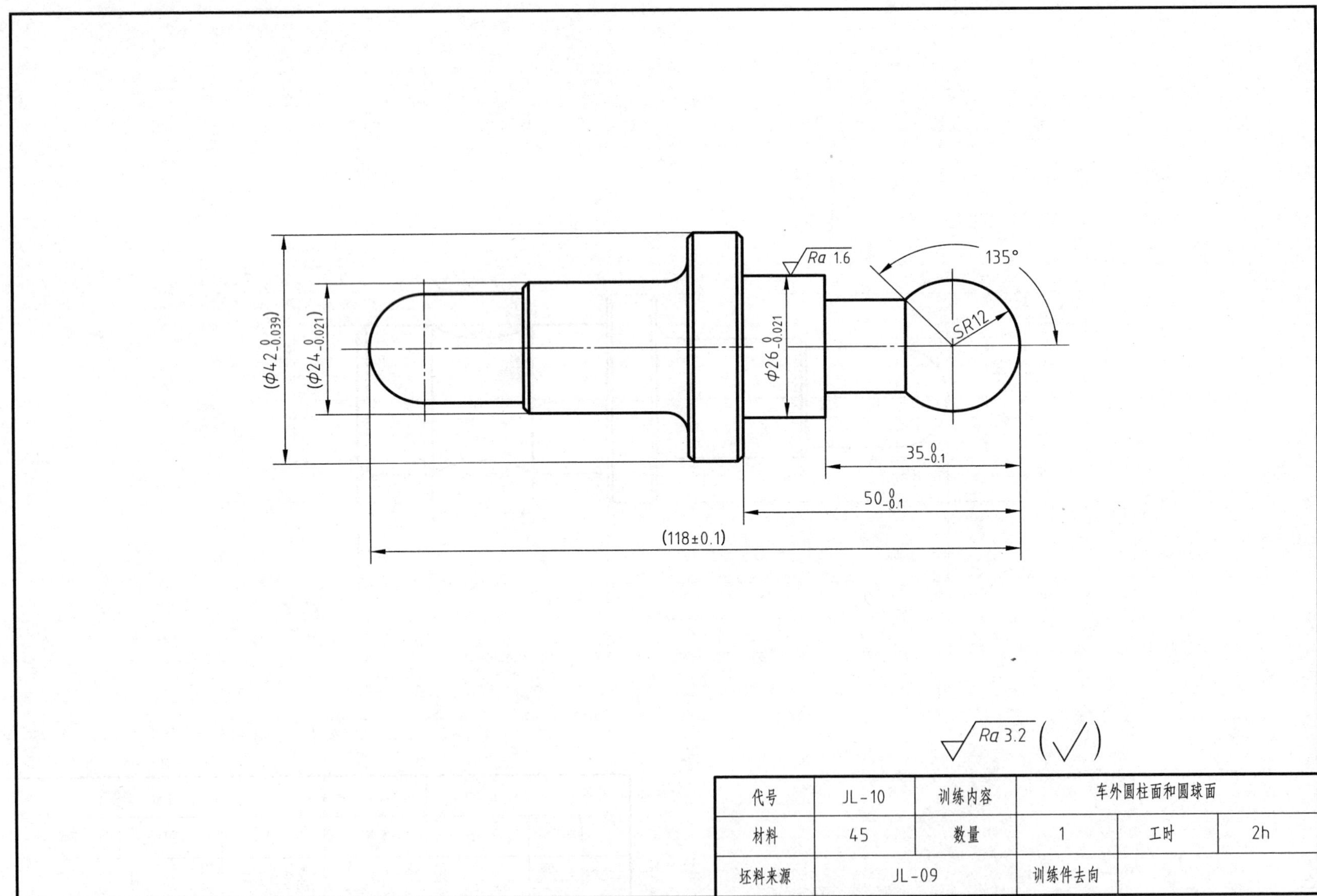

代号	JL-10	训练内容	车外圆柱面和圆球面		
材料	45	数量	1	工时	2h
坯料来源	JL-09		训练件去向		

十一、车端面、通孔和内倒角

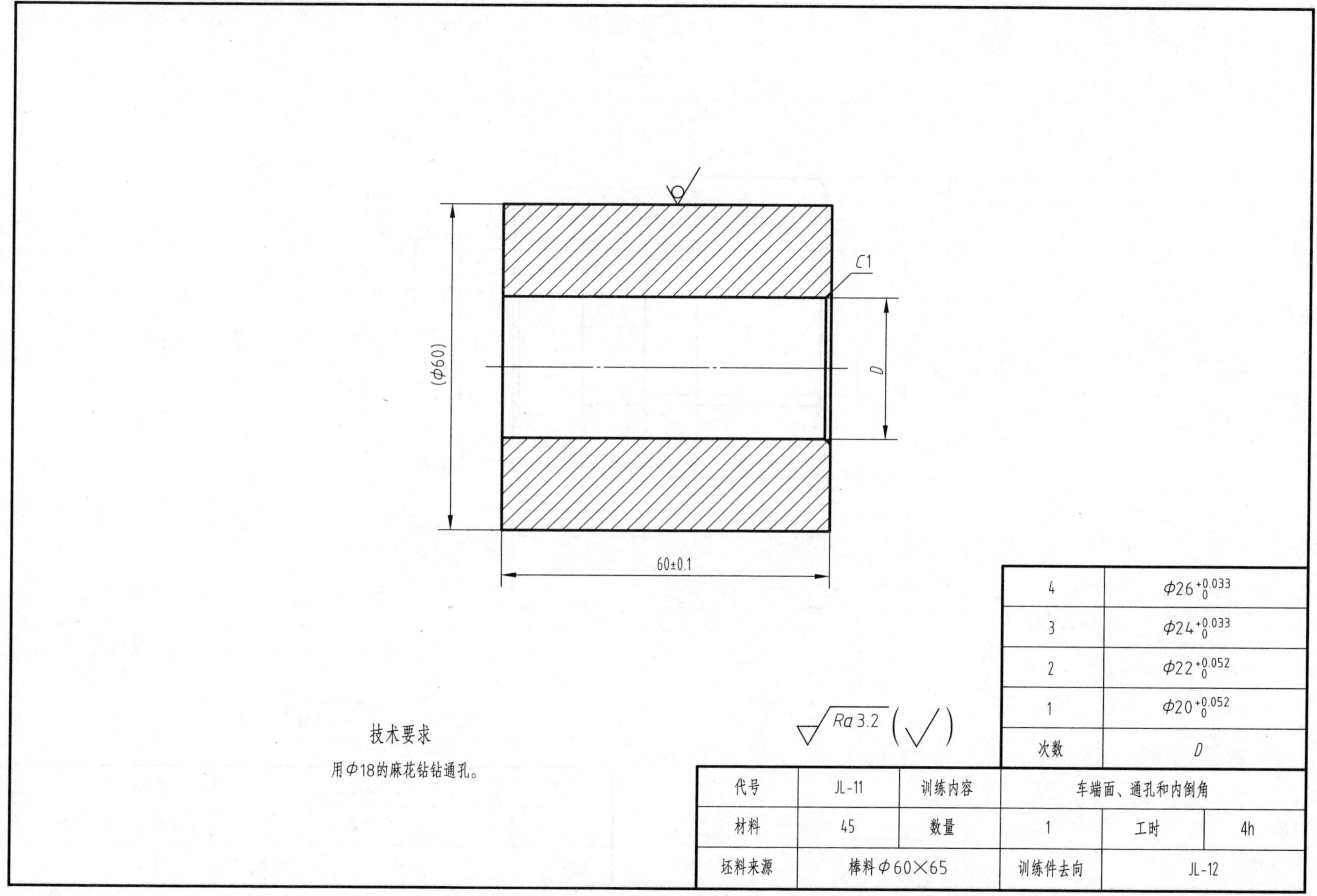

次数	D
4	$\Phi 26^{+0.033}_{0}$
3	$\Phi 24^{+0.033}_{0}$
2	$\Phi 22^{+0.052}_{0}$
1	$\Phi 20^{+0.052}_{0}$

代号	JL-11	训练内容	车端面、通孔和内倒角		
材料	45	数量	1	工时	4h
坯料来源	棒料Φ60×65		训练件去向	JL-12	

十二、车外圆柱面和台阶孔

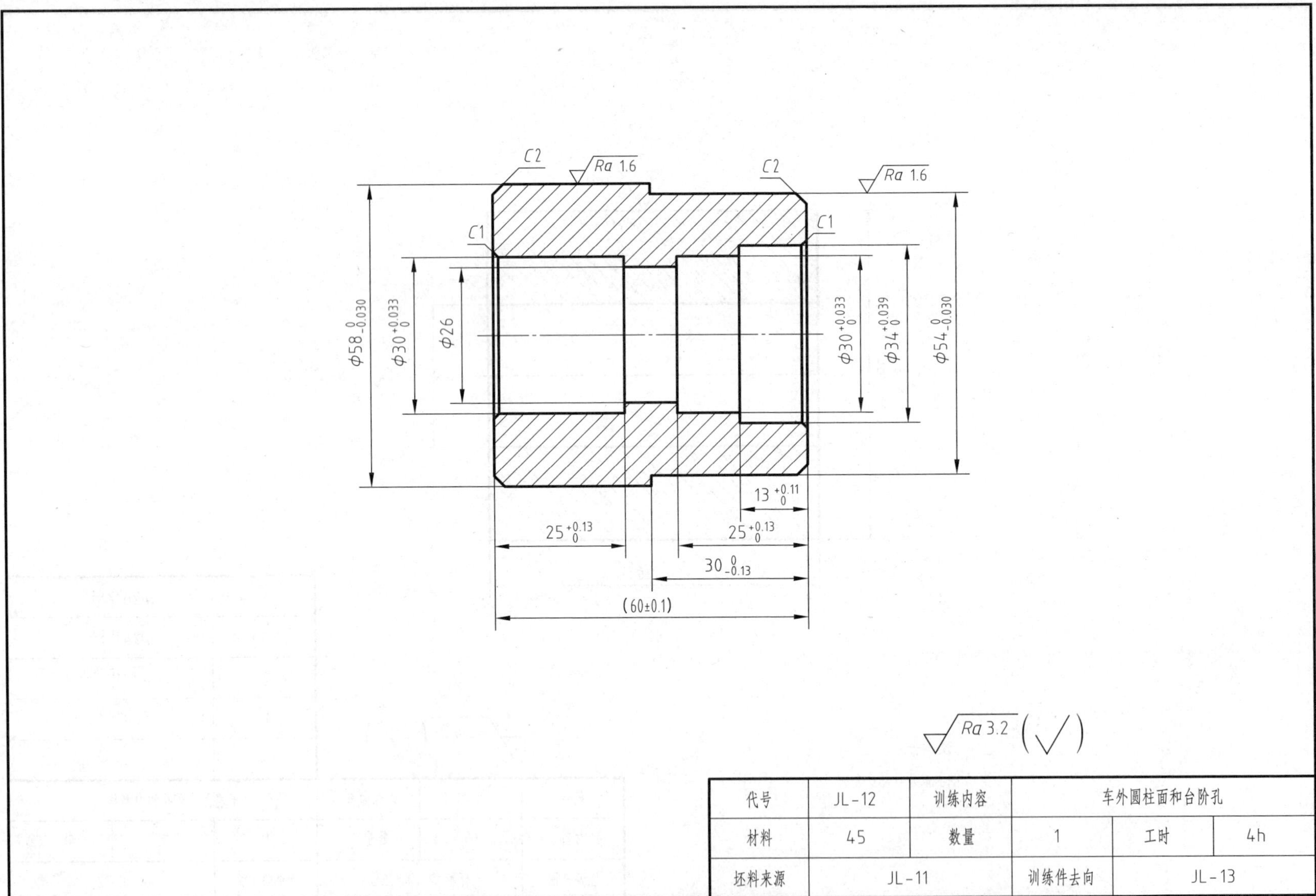

代号	JL-12	训练内容	车外圆柱面和台阶孔		
材料	45	数量	1	工时	4h
坯料来源	JL-11		训练件去向	JL-13	

十三、车圆锥孔

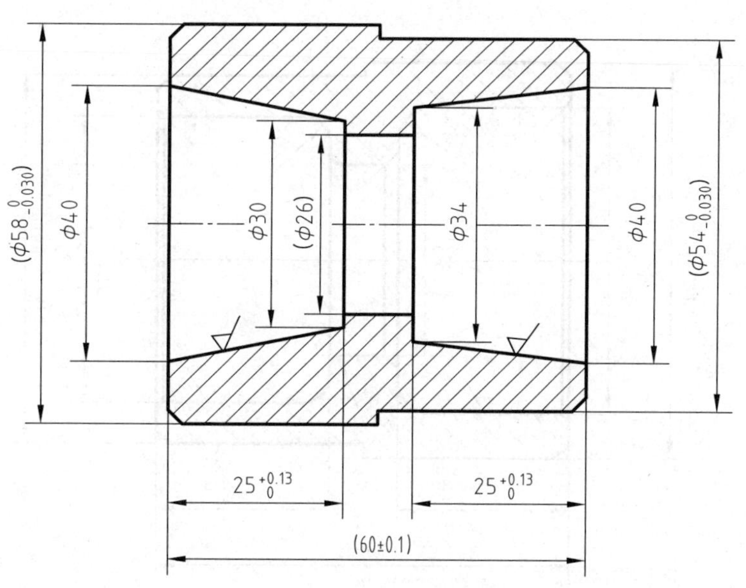

$\nabla = \nabla$ Ra 3.2　　(√)

代号	JL-13	训练内容	车圆锥孔		
材料	45	数量	1	工时	4h
坯料来源	JL-12		训练件去向	JL-14	

十四、车圆弧孔

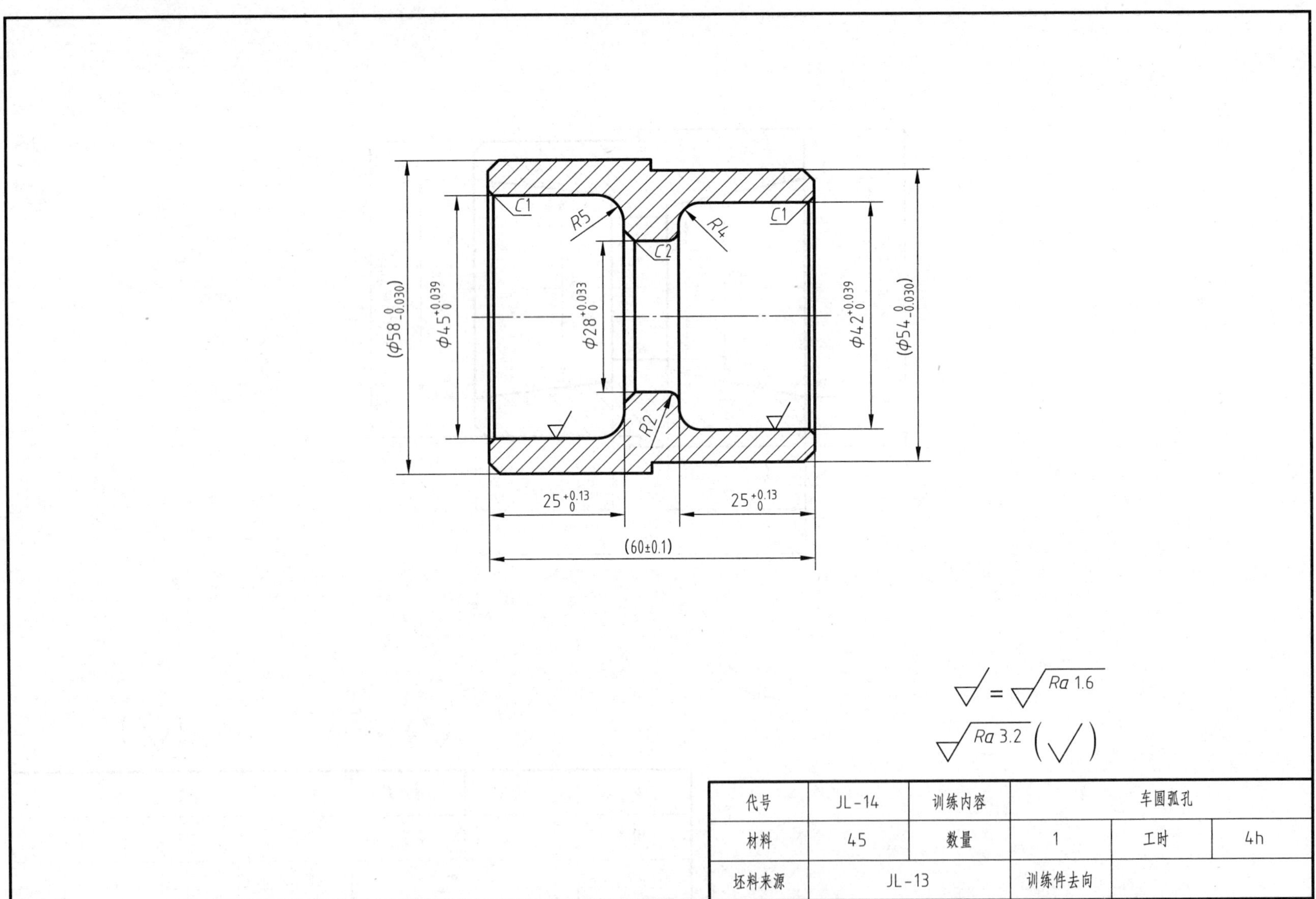

代号	JL-14	训练内容	车圆弧孔		
材料	45	数量	1	工时	4h
坯料来源	JL-13		训练件去向		

十五、车盲孔

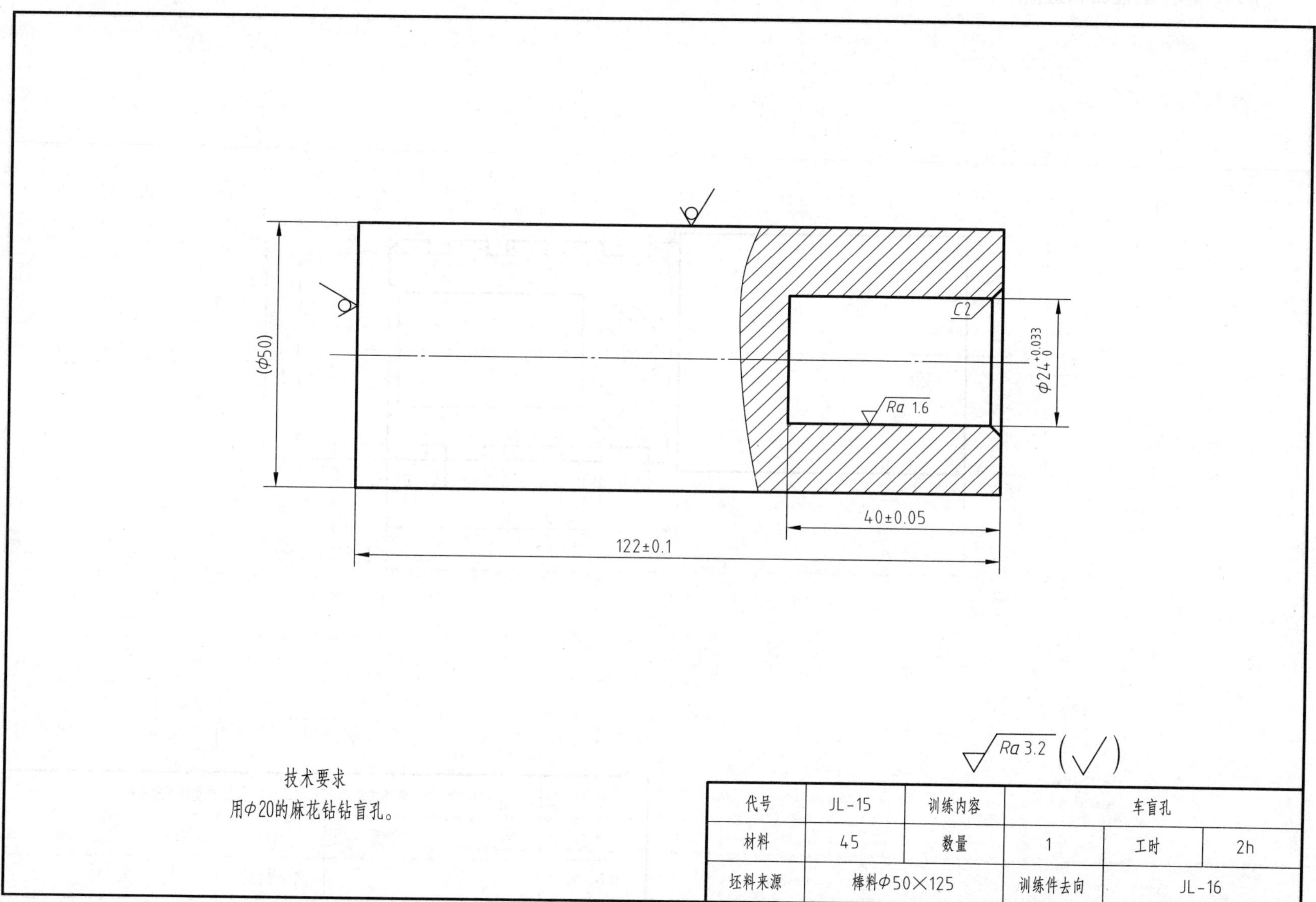

代号	JL-15	训练内容	车盲孔		
材料	45	数量	1	工时	2h
坯料来源	棒料Φ50×125		训练件去向	JL-16	

十六、车外圆柱面和直槽

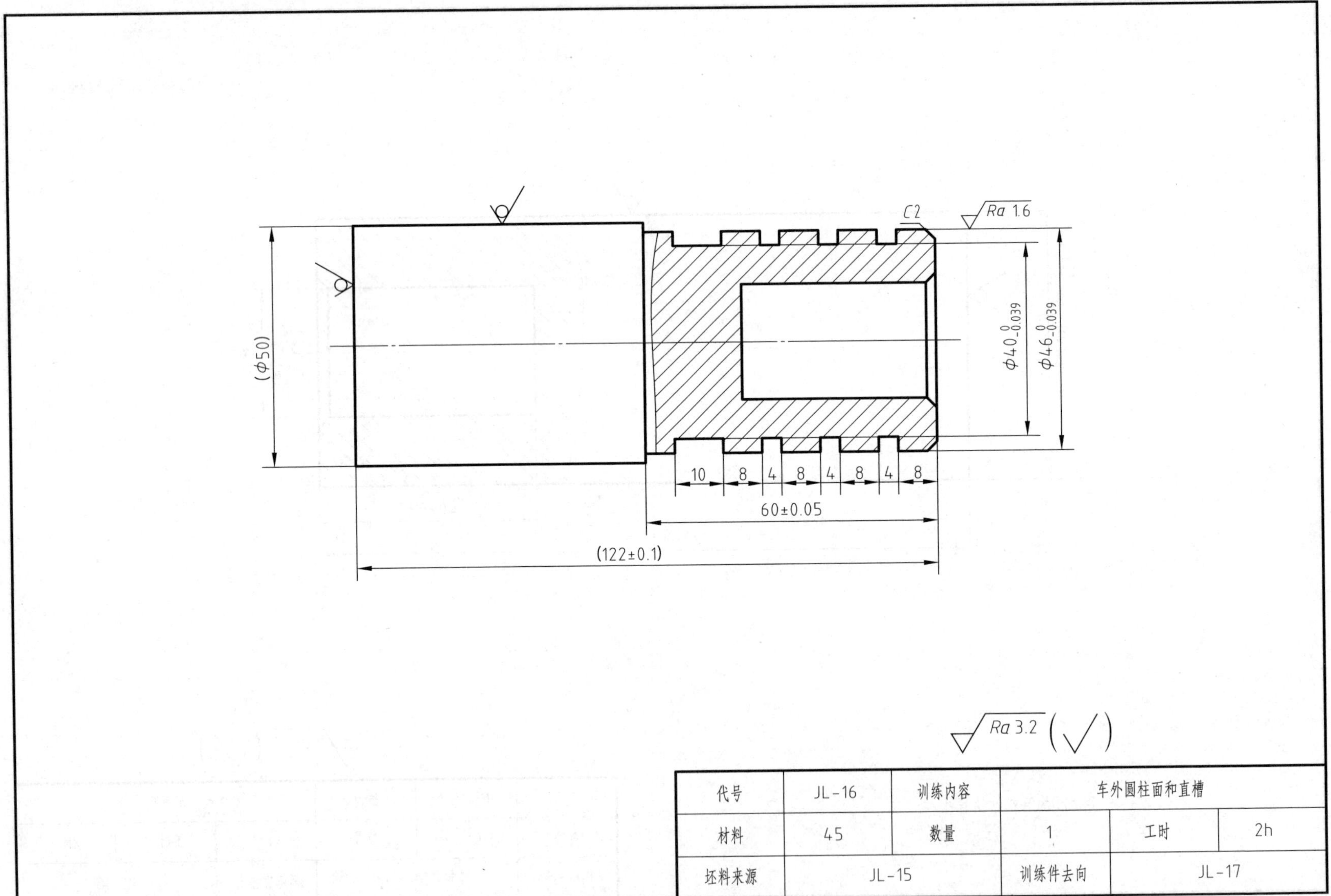

代号	JL-16	训练内容	车外圆柱面和直槽		
材料	45	数量	1	工时	2h
坯料来源	JL-15		训练件去向	JL-17	

十七、钻中心孔、车 V 形槽

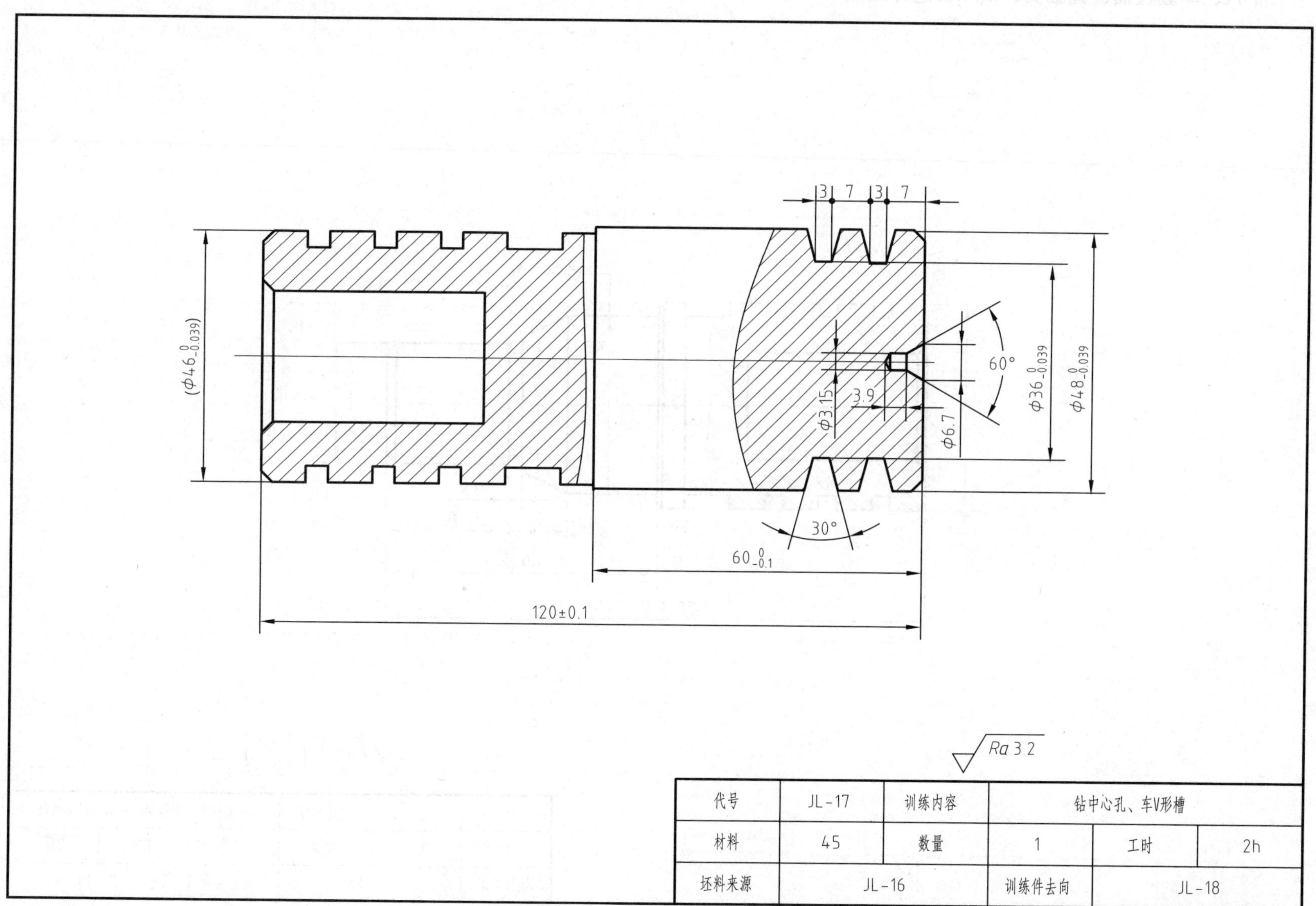

代号	JL-17	训练内容	钻中心孔、车V形槽		
材料	45	数量	1	工时	2h
坯料来源	JL-16		训练件去向	JL-18	

十八、车圆柱面、圆锥面、槽和普通外螺纹

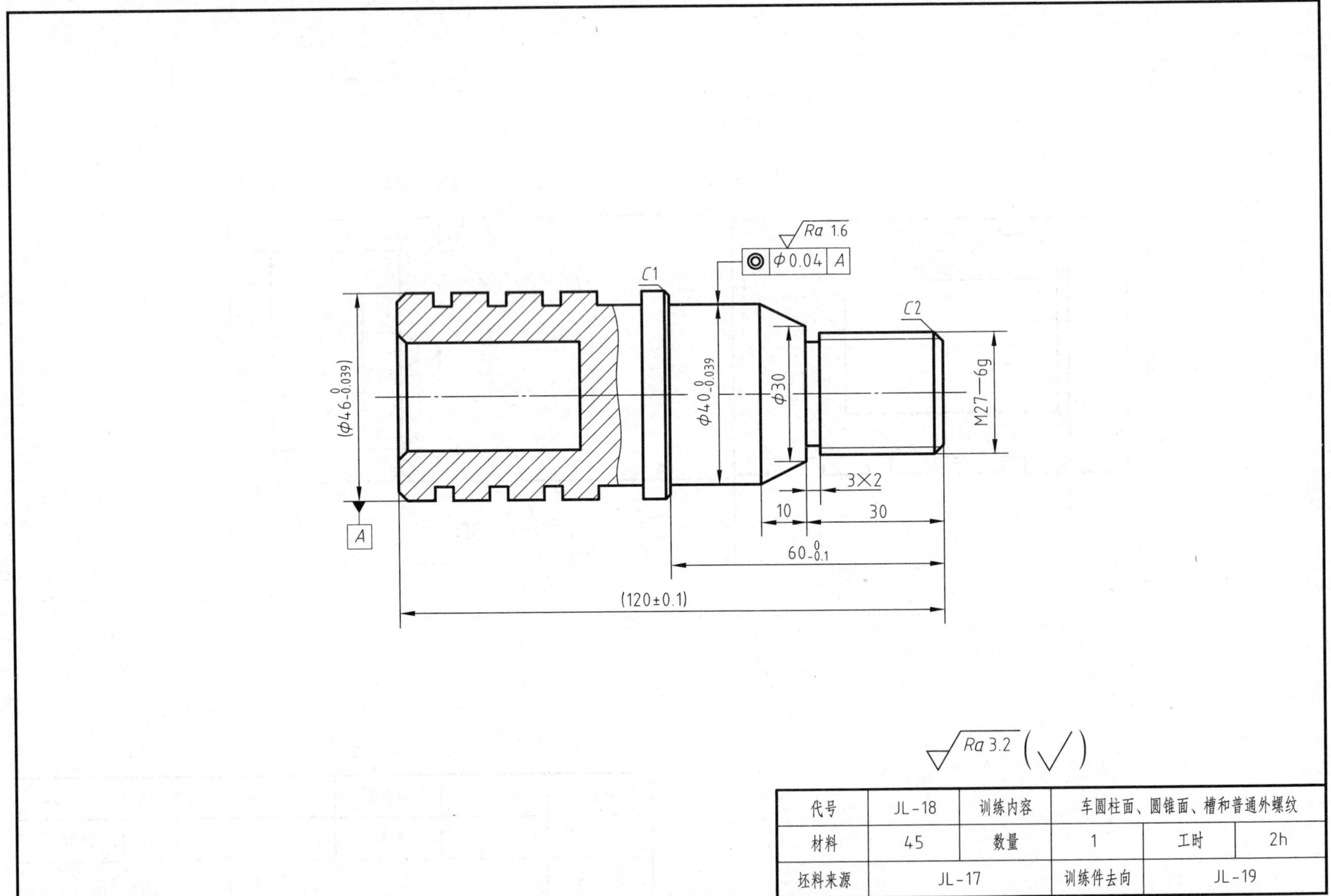

代号	JL-18	训练内容	车圆柱面、圆锥面、槽和普通外螺纹		
材料	45	数量	1	工时	2h
坯料来源	JL-17		训练件去向	JL-19	

十九、车内沟槽和普通内螺纹

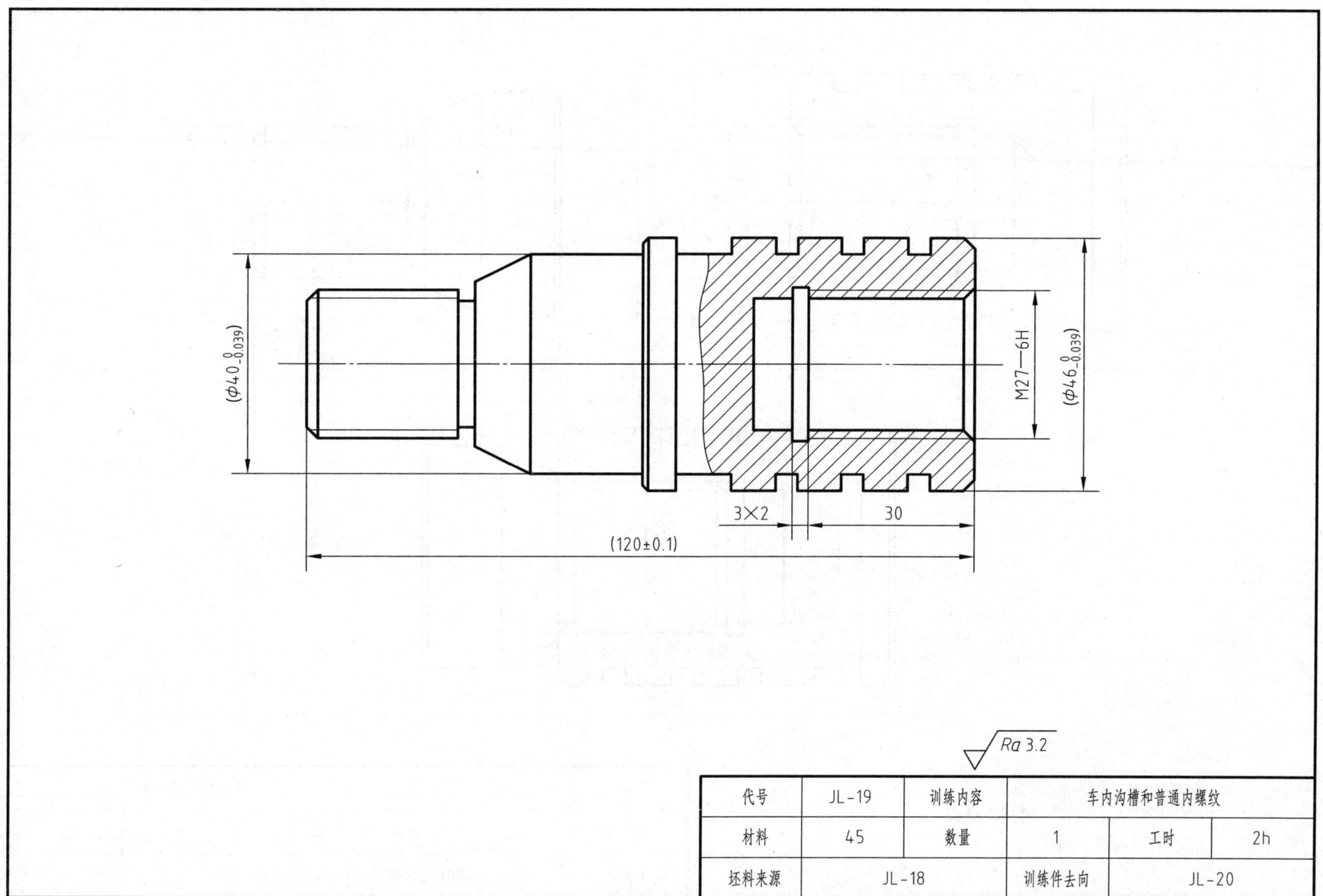

代号	JL-19	训练内容	车内沟槽和普通内螺纹		
材料	45	数量	1	工时	2h
坯料来源	JL-18		训练件去向	JL-20	

二十、切断、车端面

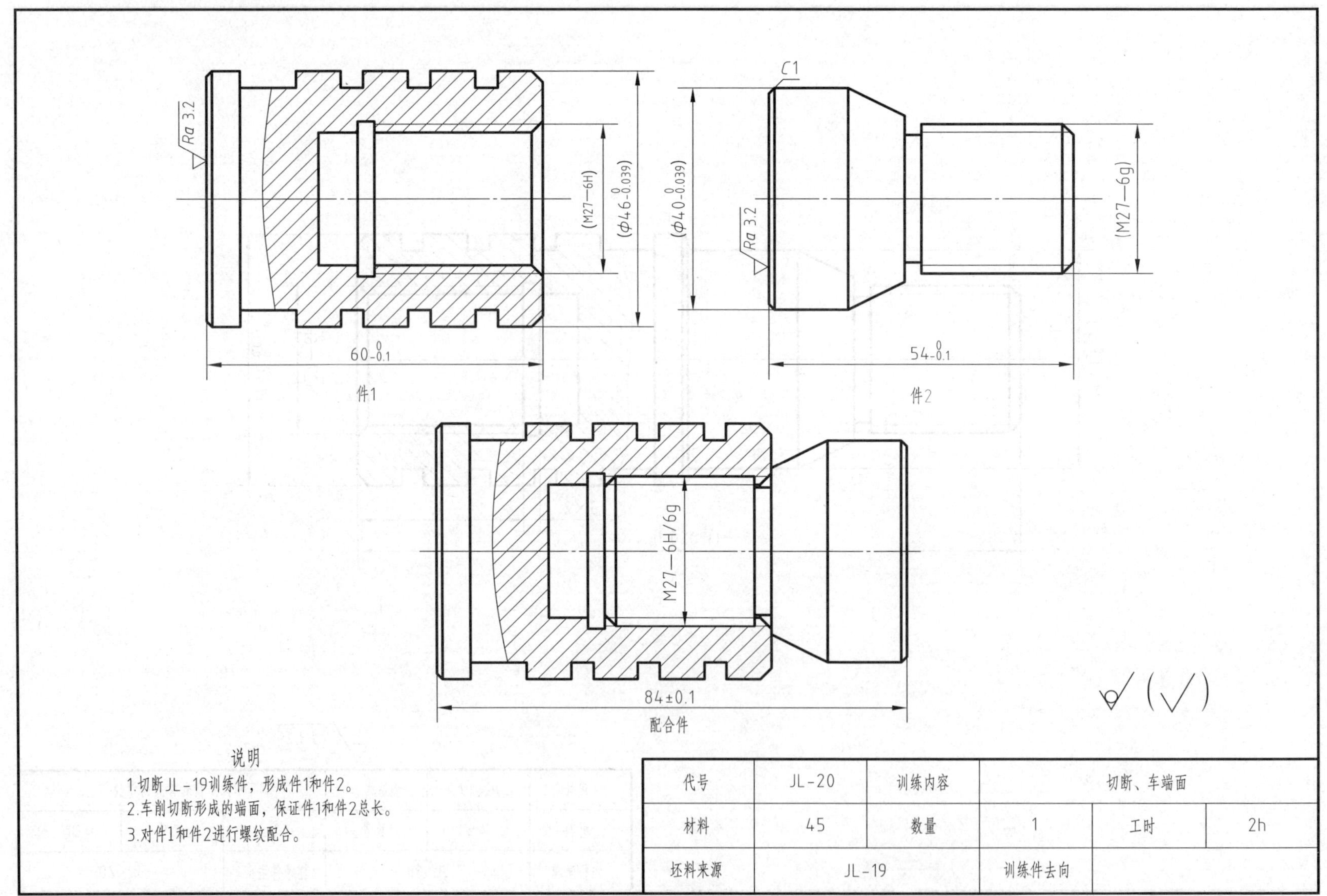

说明

1.切断JL-19训练件，形成件1和件2。

2.车削切断形成的端面，保证件1和件2总长。

3.对件1和件2进行螺纹配合。

代号	JL-20	训练内容	切断、车端面		
材料	45	数量	1	工时	2h
坯料来源	JL-19		训练件去向		

二十一、车梯形外螺纹

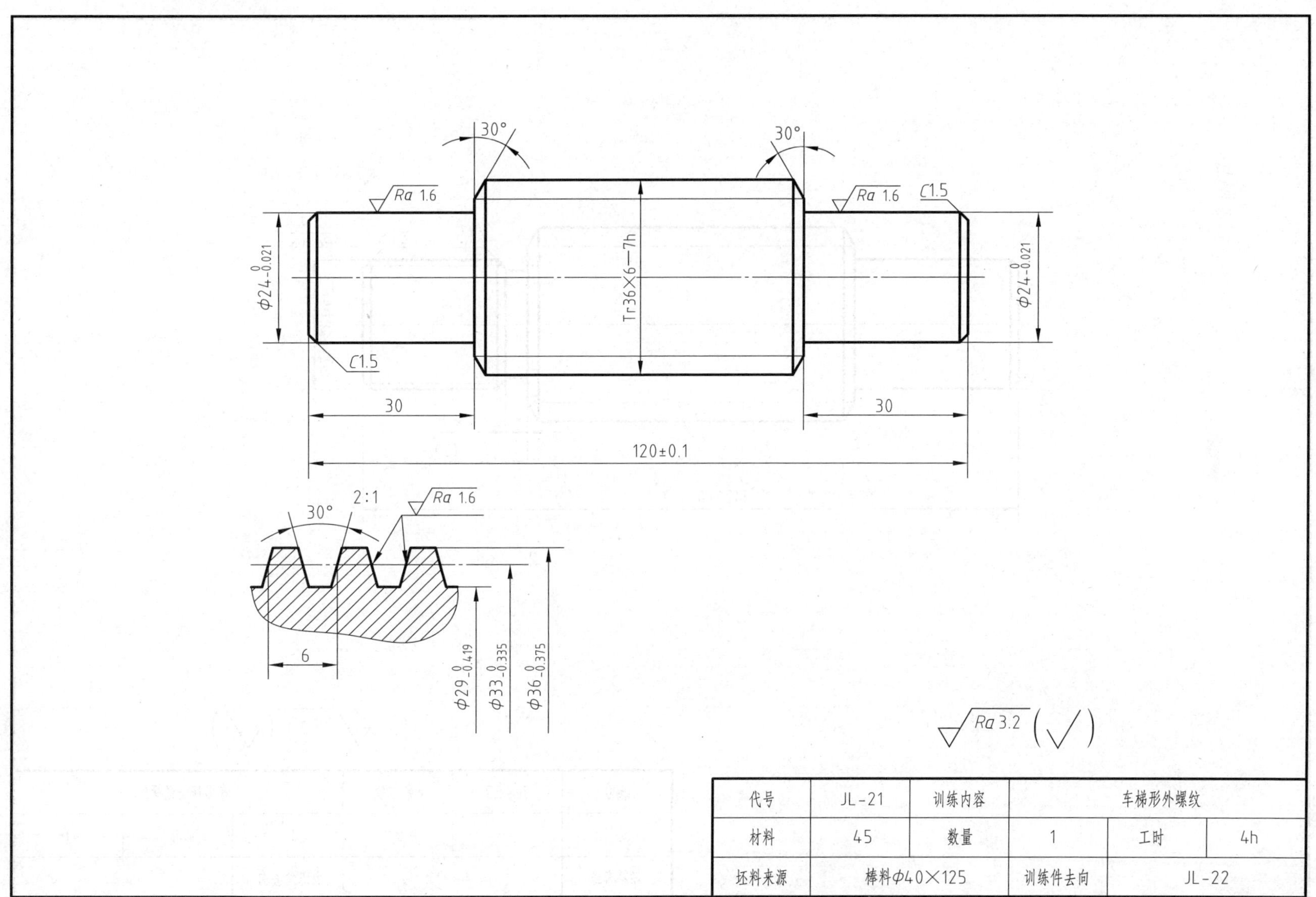

代号	JL-21	训练内容	车梯形外螺纹		
材料	45	数量	1	工时	4h
坯料来源	棒料Φ40×125		训练件去向	JL-22	

二十二、车多线普通螺纹

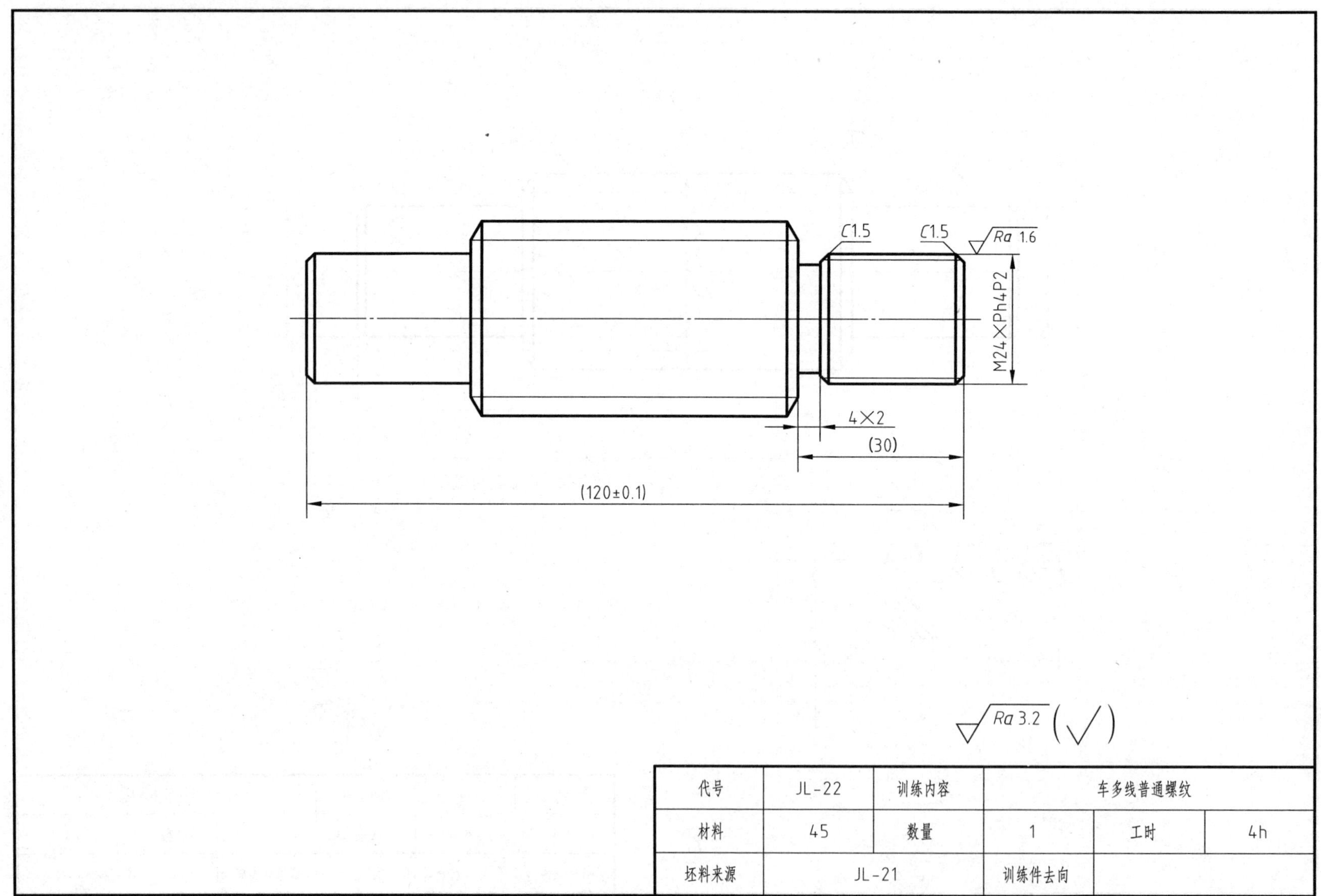

代号	JL-22	训练内容	车多线普通螺纹		
材料	45	数量	1	工时	4h
坯料来源	JL-21		训练件去向		

二十三、车偏心轴

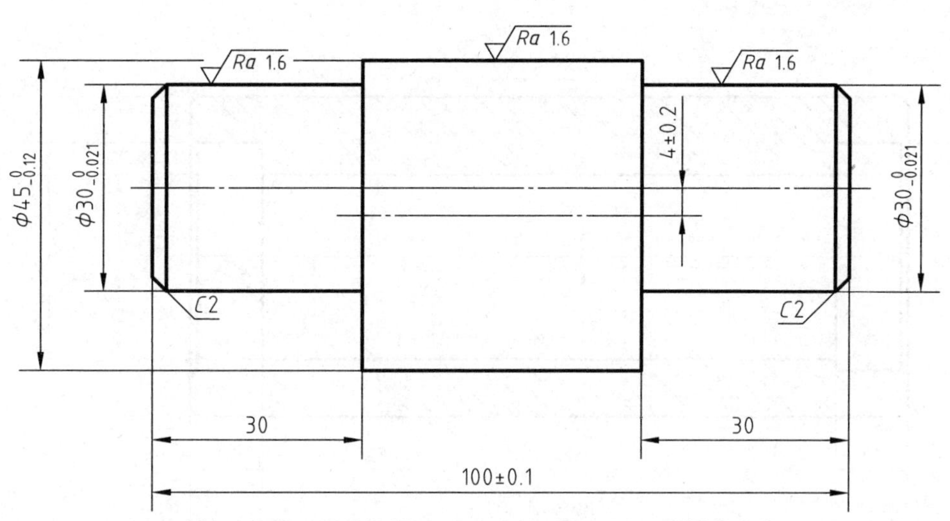

技术要求

1.未注尺寸公差按GB/T1804—m。
2.倒钝锐边。

$\sqrt{Ra\ 3.2}$ ($\surd$)

代号	JL-23	训练内容	车偏心轴		
材料	45	数量	1	工时	4h
坯料来源	棒料φ50×105		训练件去向		

二十四、车偏心套

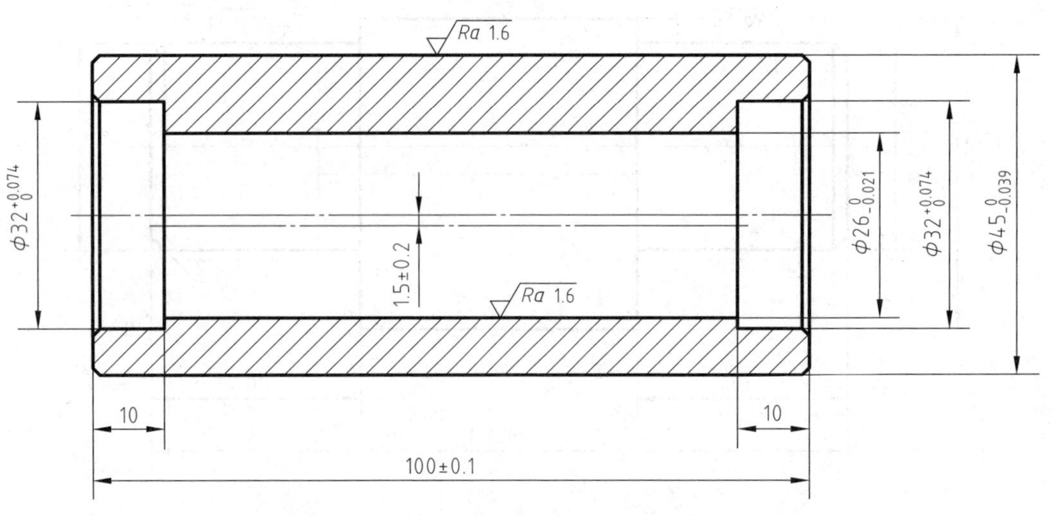

技术要求

1.未注倒角为C1。

2.未注尺寸公差按GB/T 1804—m。

3.倒钝锐边。

Ra 3.2 (√)

代号	JL-24	训练内容	车偏心套		
材料	45	数量	1	工时	4h
坯料来源	棒料Φ50×105	训练件去向			

二十五、车薄壁套

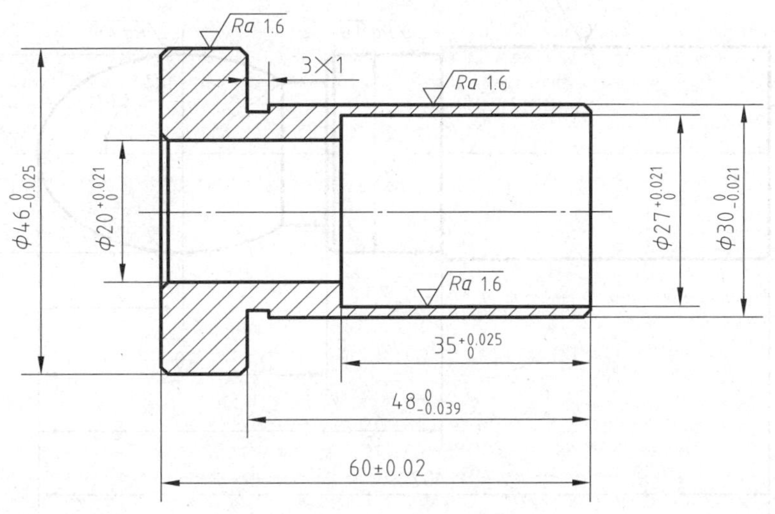

技术要求

1.未注倒角为C1。
2.倒钝锐边。

Ra 3.2 (√)

代号	JL-25	训练内容	车薄壁套		
材料	45	数量	1	工时	4h
坯料来源	棒料φ50×65		训练件去向		

二十六、车椭圆球

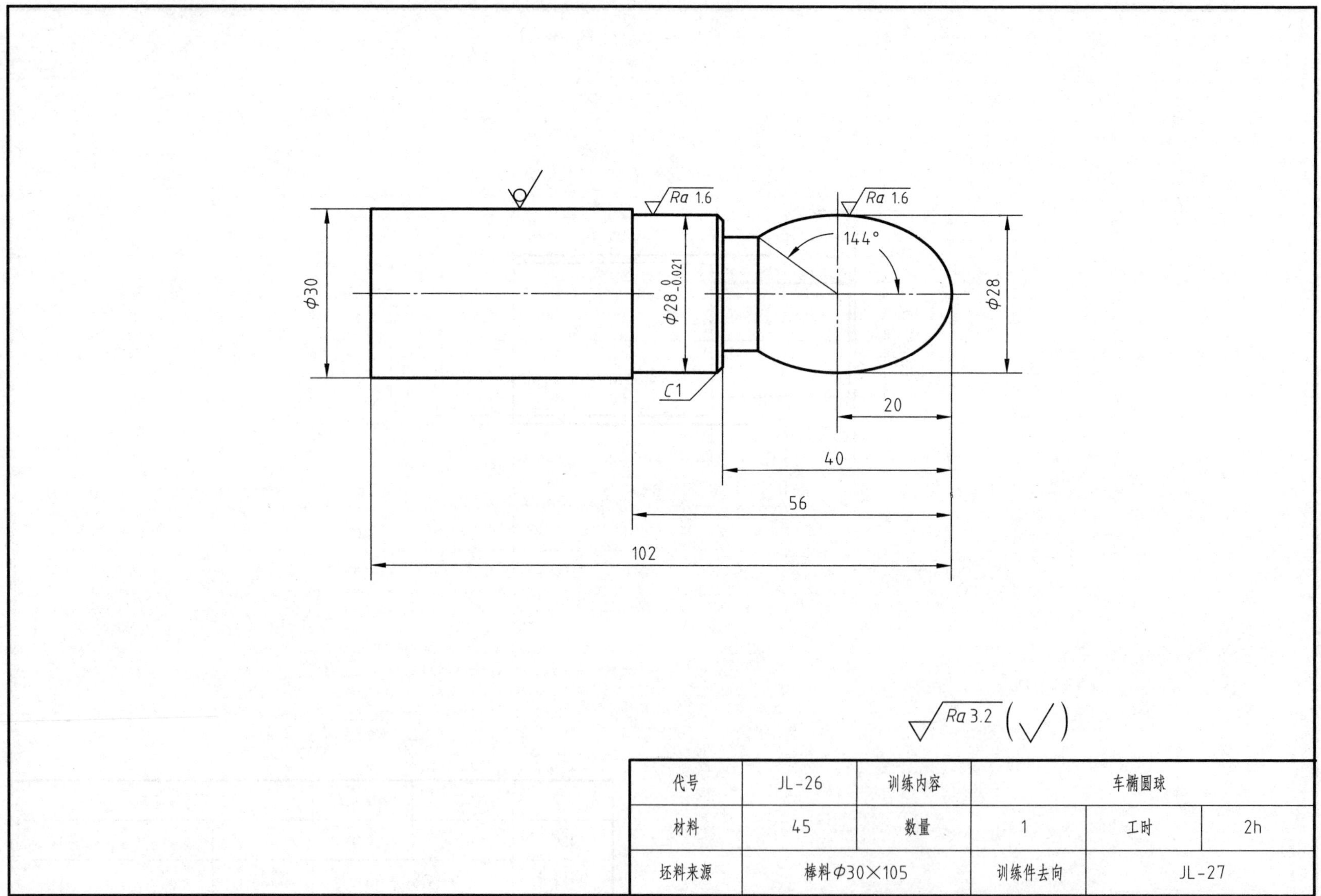

代号	JL-26	训练内容	车椭圆球		
材料	45	数量	1	工时	2h
坯料来源	棒料φ30×105		训练件去向	JL-27	

二十七、车凹椭圆弧面

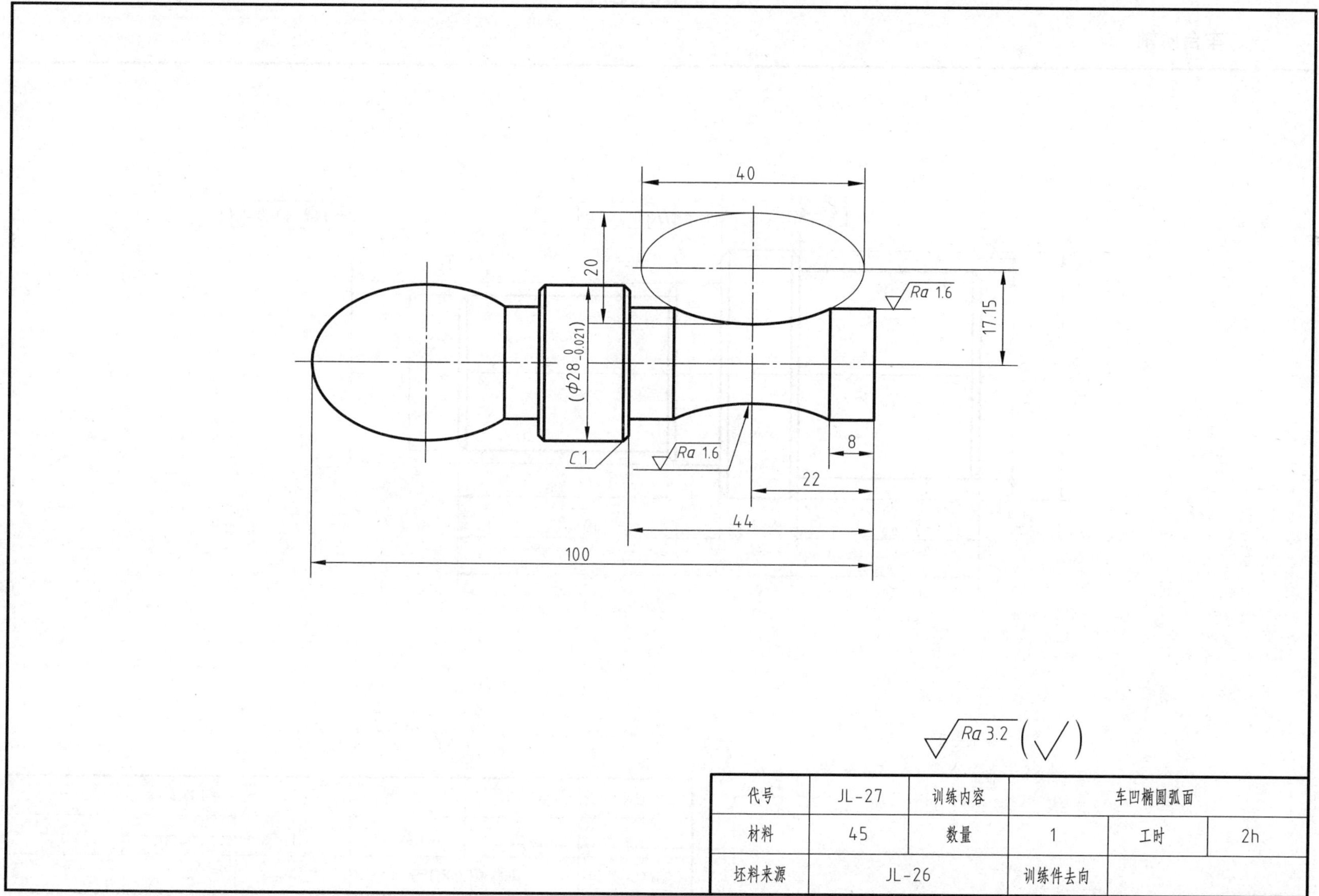

代号	JL-27	训练内容	车凹椭圆弧面		
材料	45	数量	1	工时	2h
坯料来源	JL-26		训练件去向		

一、车台阶轴

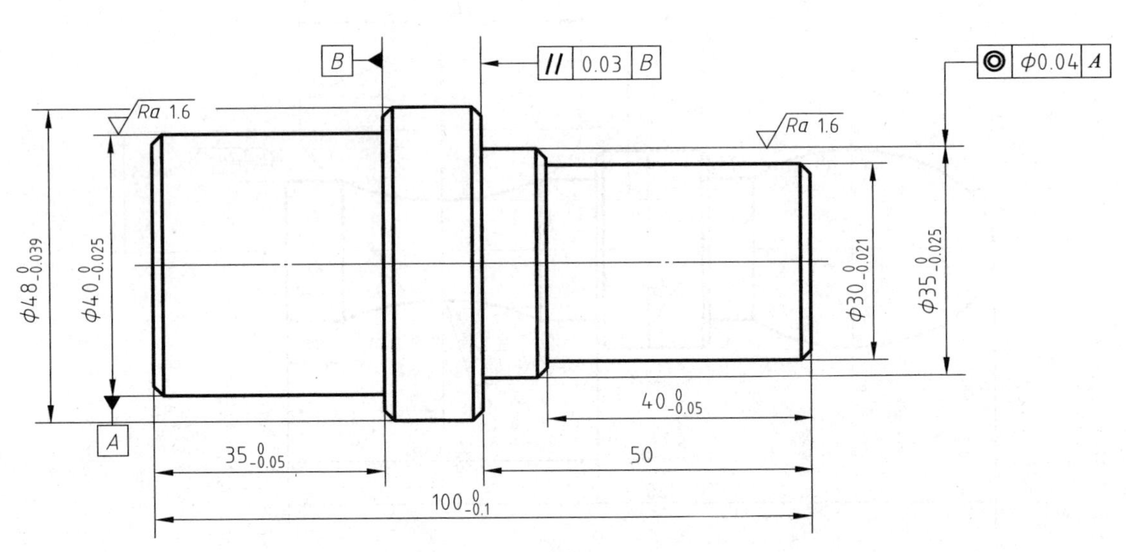

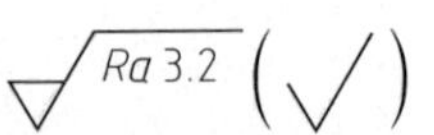

技术要求

1.未注倒角为 C1.5。

2.未注尺寸公差按GB/T 1804—m。

代号	ZL-01	训练内容	车台阶轴		
材料	45	数量	1	工时	2h
坯料来源	棒料φ50×105		训练件去向		

二、车输出轴

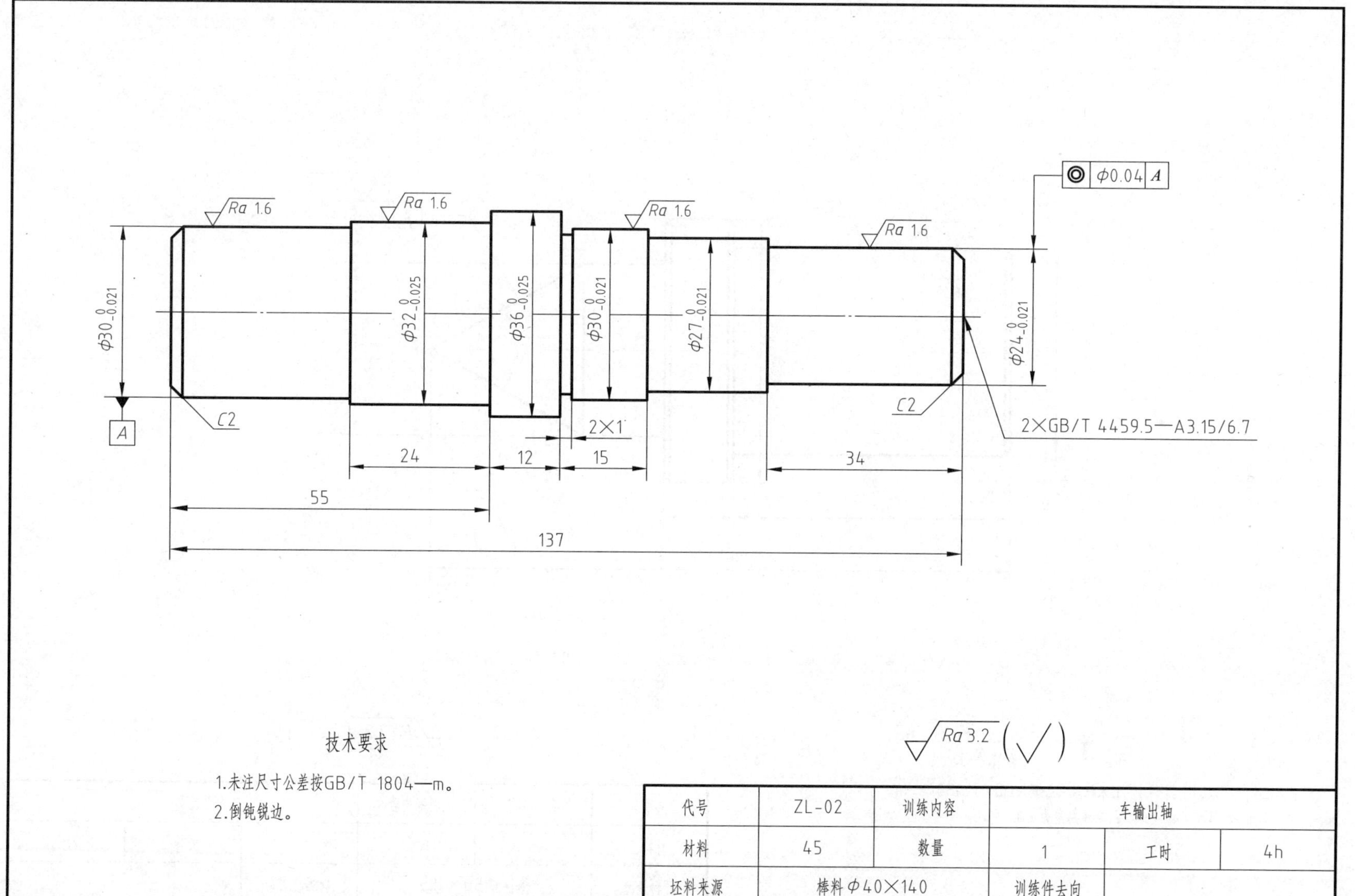

代号	ZL-02	训练内容	车输出轴		
材料	45	数量	1	工时	4h
坯料来源	棒料φ40×140		训练件去向		

三、车前顶尖

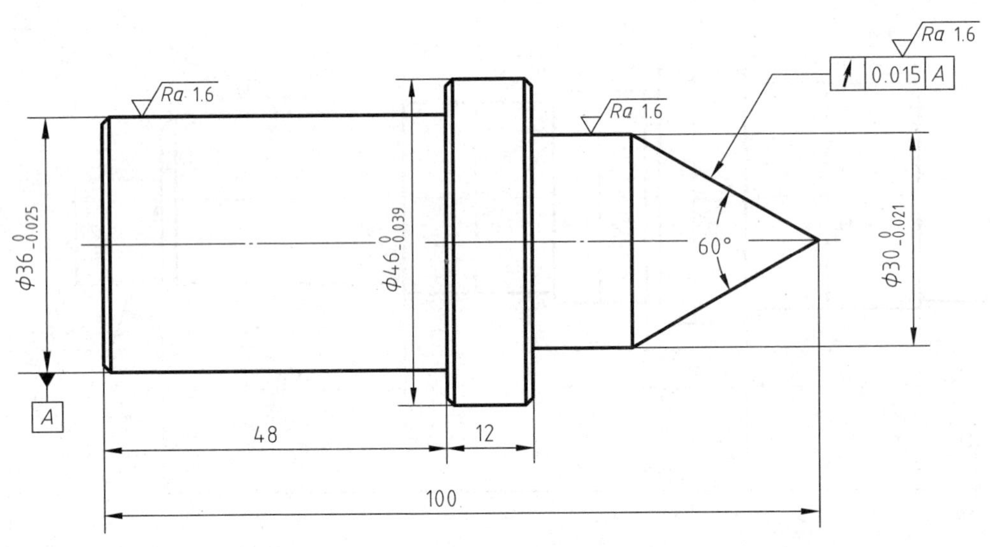

Ra 3.2 (√)

技术要求

1.未注尺寸公差按GB/T 1804—m。

2.未注倒角为C1。

代号	ZL-03	训练内容	车前顶尖		
材料	45	数量	1	工时	2h
坯料来源	棒料 φ50×105		训练件去向		

四、车固定顶尖

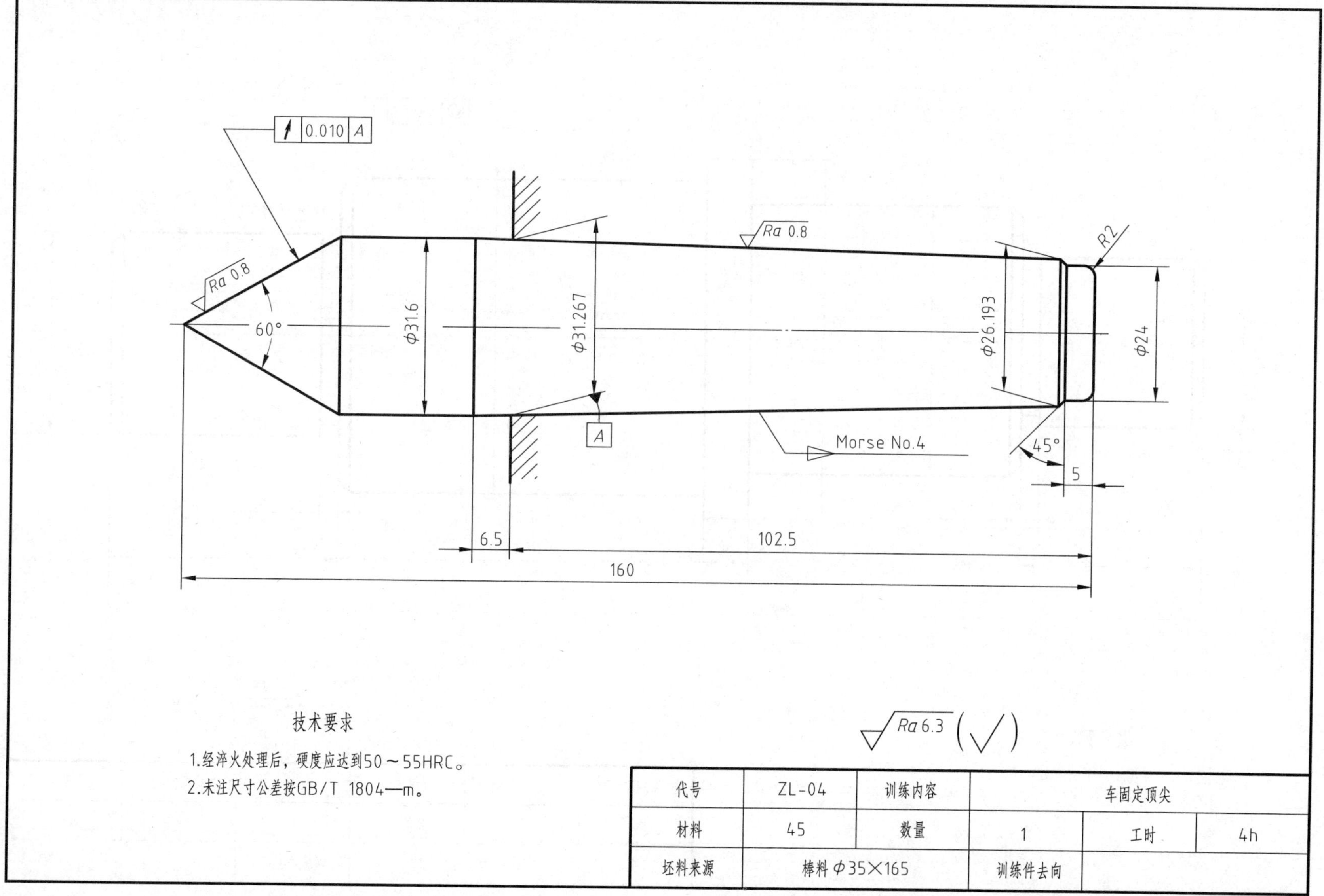

技术要求

1.经淬火处理后，硬度应达到50～55HRC。

2.未注尺寸公差按GB/T 1804—m。

代号	ZL-04	训练内容	车固定顶尖		
材料	45	数量	1	工时	4h
坯料来源	棒料 φ35×165		训练件去向		

五、车电动机轴

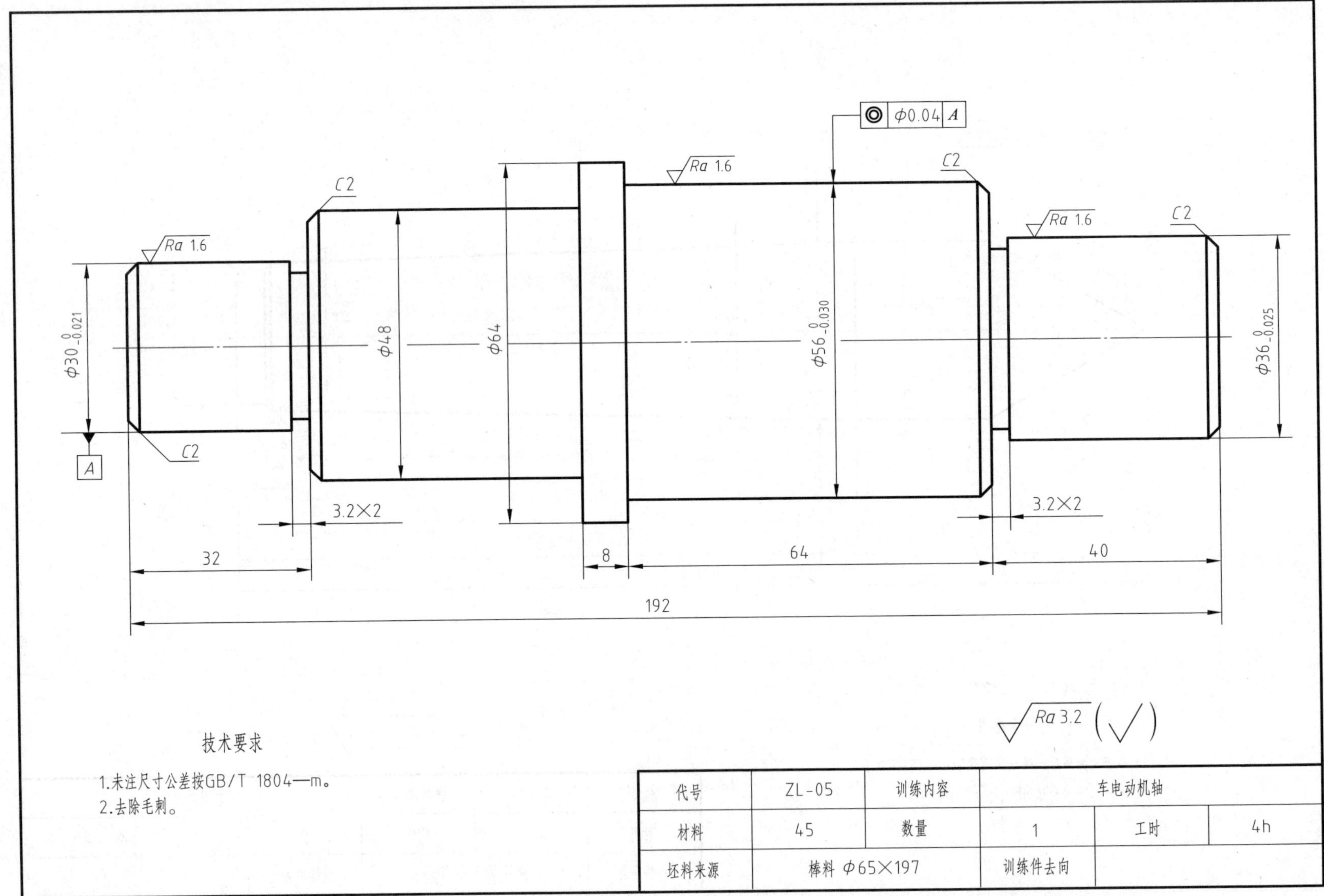

代号	ZL-05	训练内容	车电动机轴		
材料	45	数量	1	工时	4h
坯料来源	棒料 ϕ65×197		训练件去向		

六、车轴套

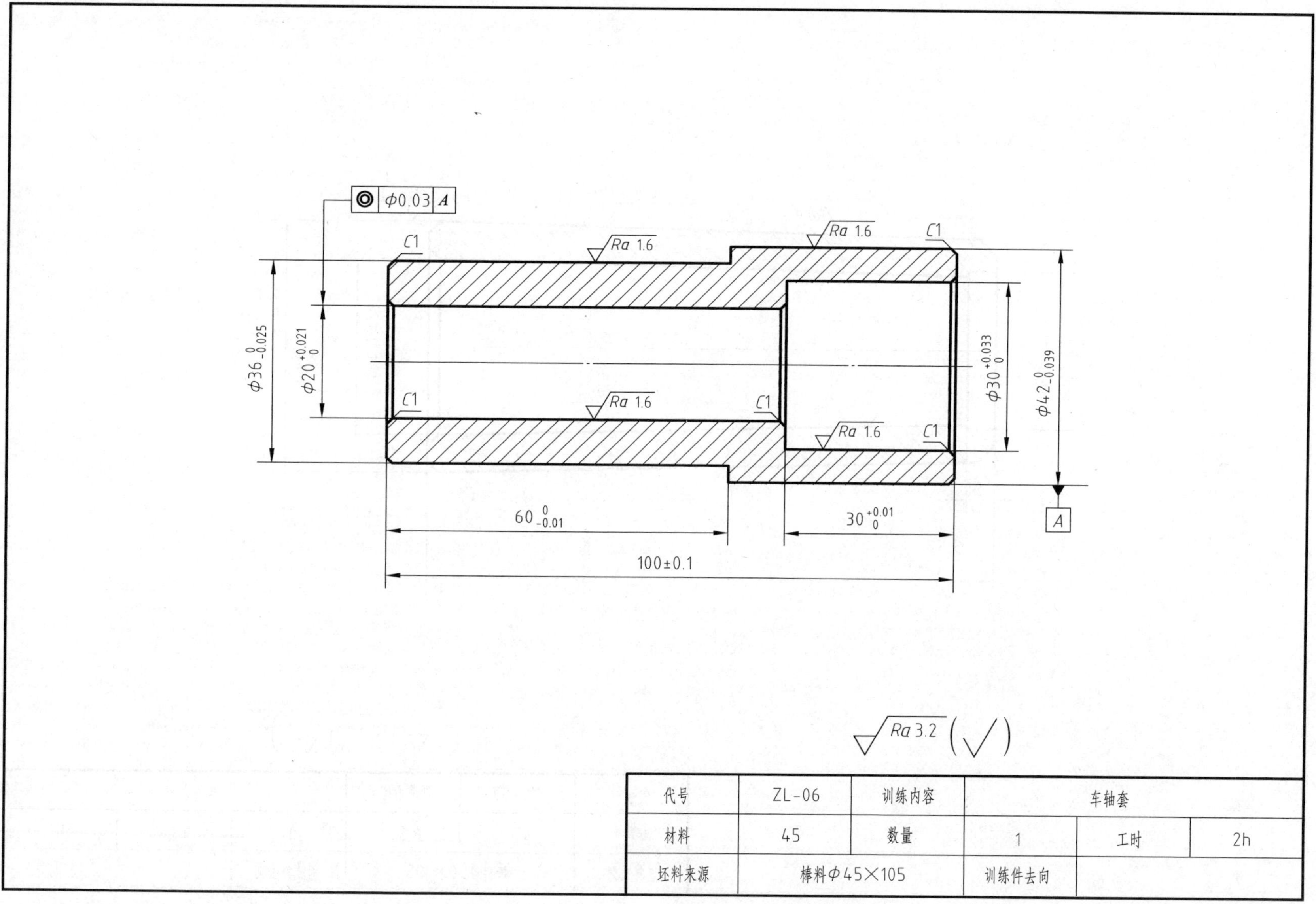

代号	ZL-06	训练内容	车轴套		
材料	45	数量	1	工时	2h
坯料来源	棒料φ45×105		训练件去向		

七、车锥套

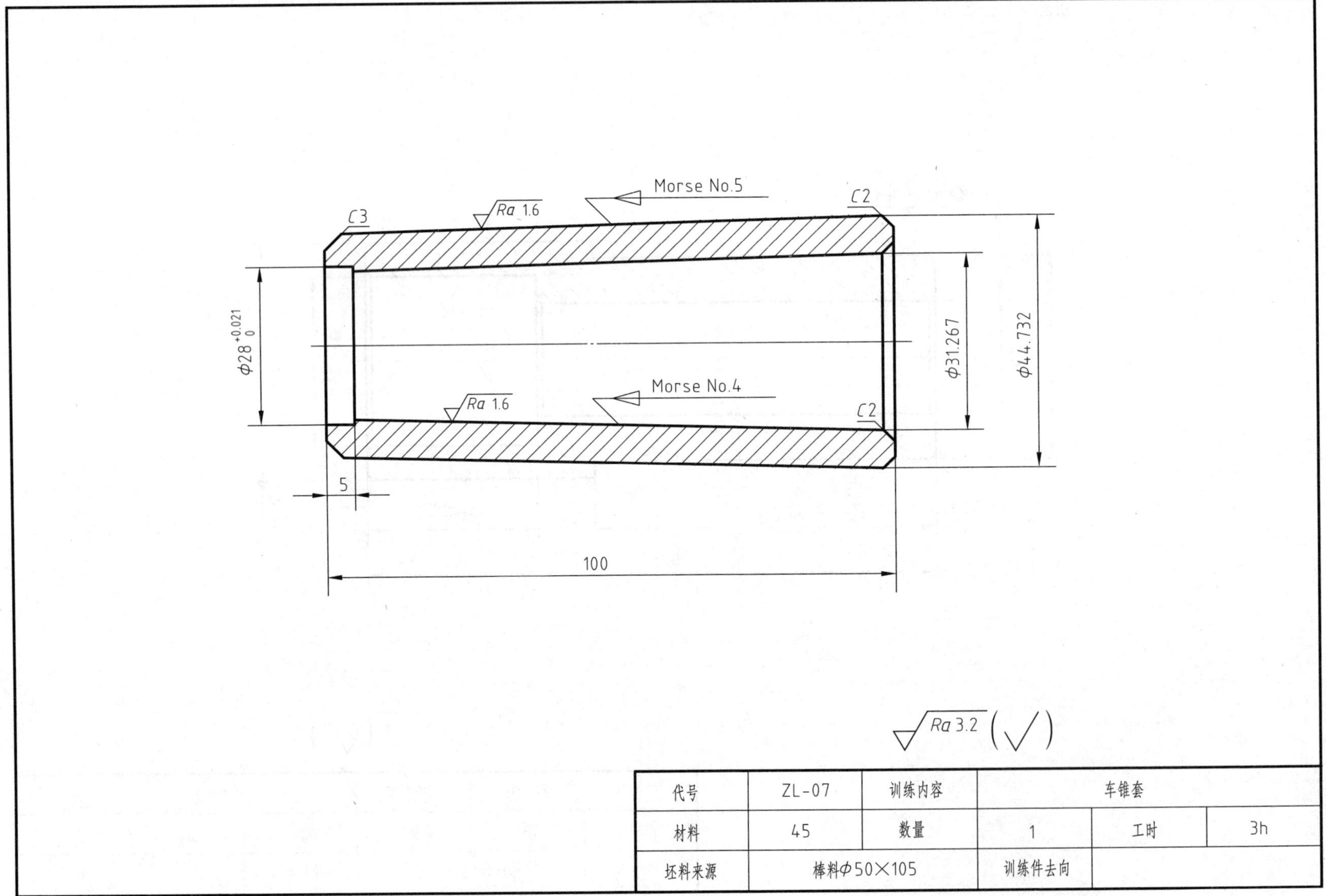

代号	ZL-07	训练内容	车锥套		
材料	45	数量	1	工时	3h
坯料来源	棒料Φ50×105		训练件去向		

八、车固定套

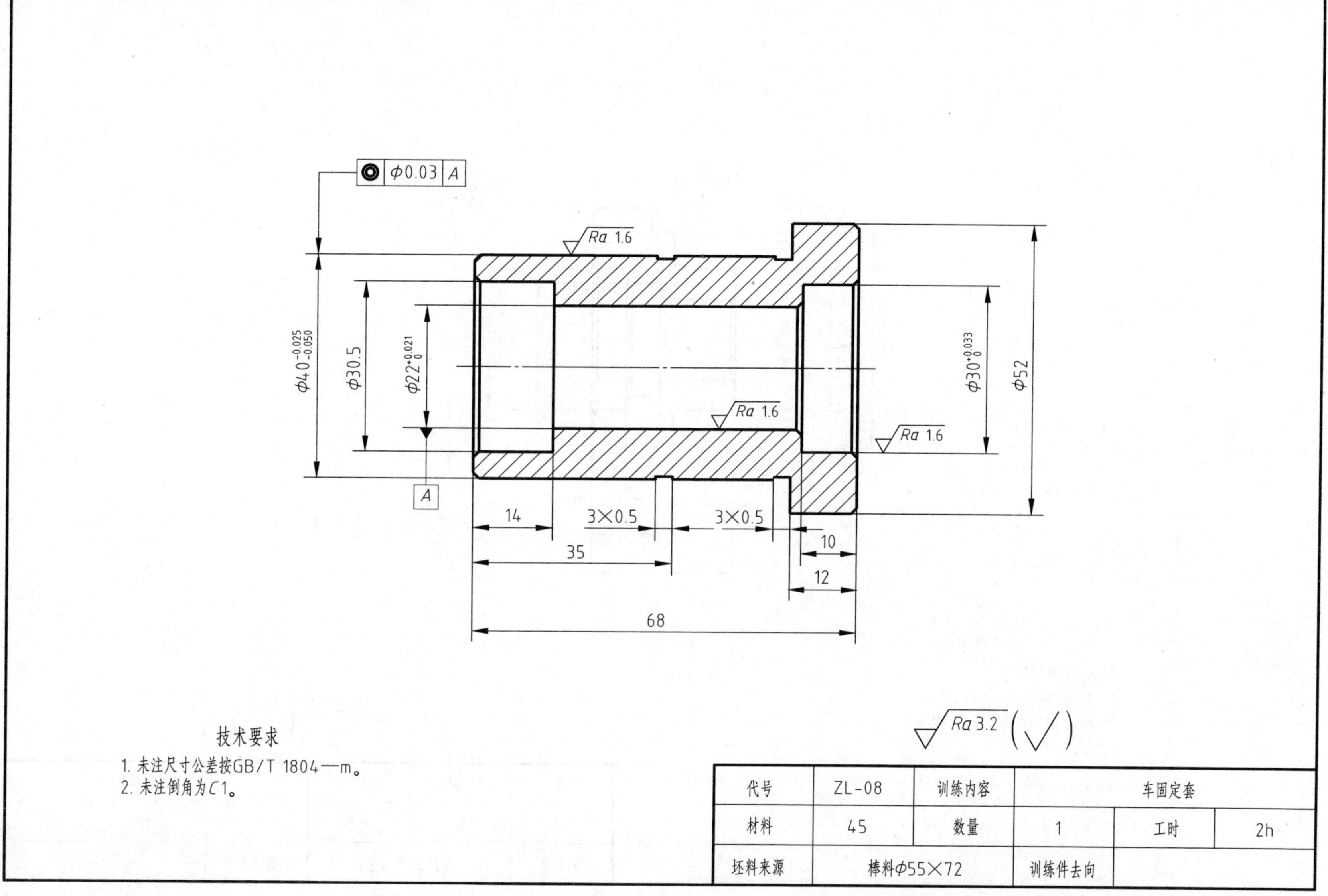

技术要求

1. 未注尺寸公差按GB/T 1804—m。
2. 未注倒角为C1。

代号	ZL-08	训练内容	车固定套		
材料	45	数量	1	工时	2h
坯料来源	棒料φ55×72		训练件去向		

九、车台阶套

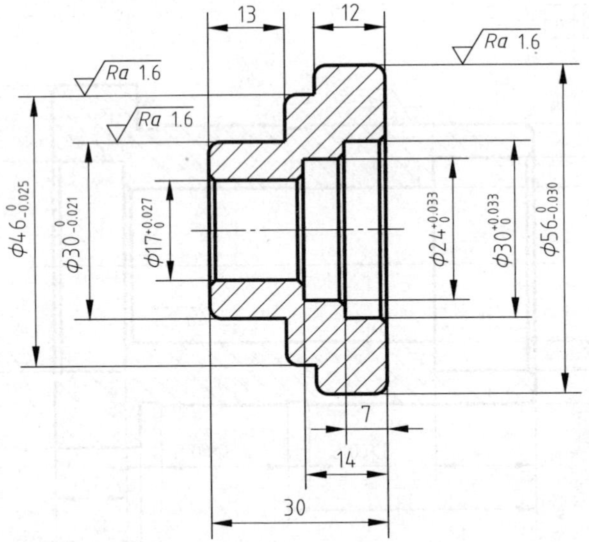

技术要求

1. 未注倒角为 $C1$。
2. 未注圆角为 $R2$。
3. 未注尺寸公差按GB/T 1804—m。

Ra 3.2 (√)

代号	ZL-09	训练内容	车台阶套		
材料	45	数量	1	工时	2h
坯料来源	棒料φ60×35		训练件去向		

十、车手柄

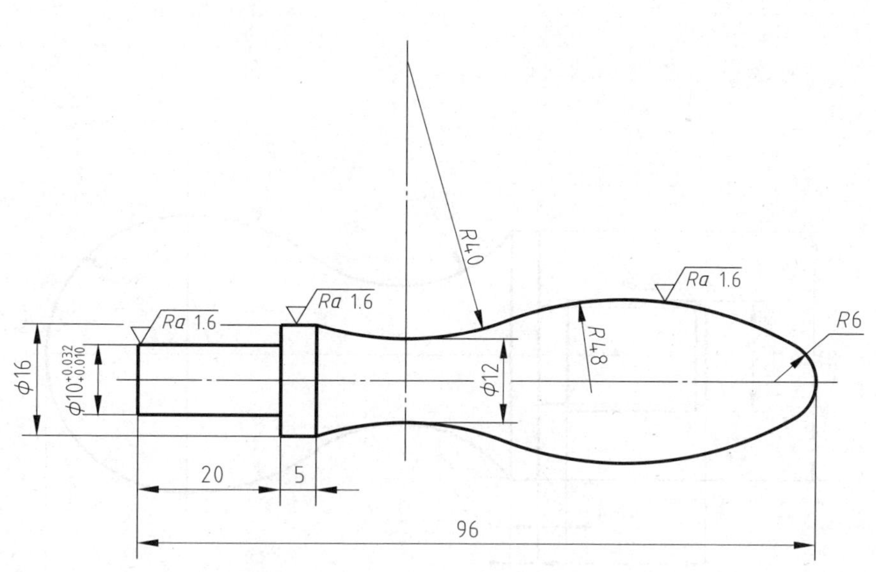

技术要求

1. 未注尺寸公差按GB/T 1804—m。
2. 去除毛刺。

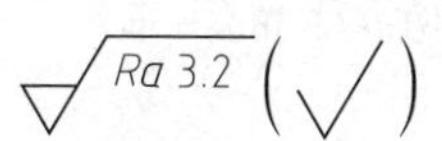

代号	ZL-10	训练内容	车手柄		
材料	45	数量	1	工时	2h
坯料来源	棒料φ25×100		训练件去向		

十一、车球头手柄

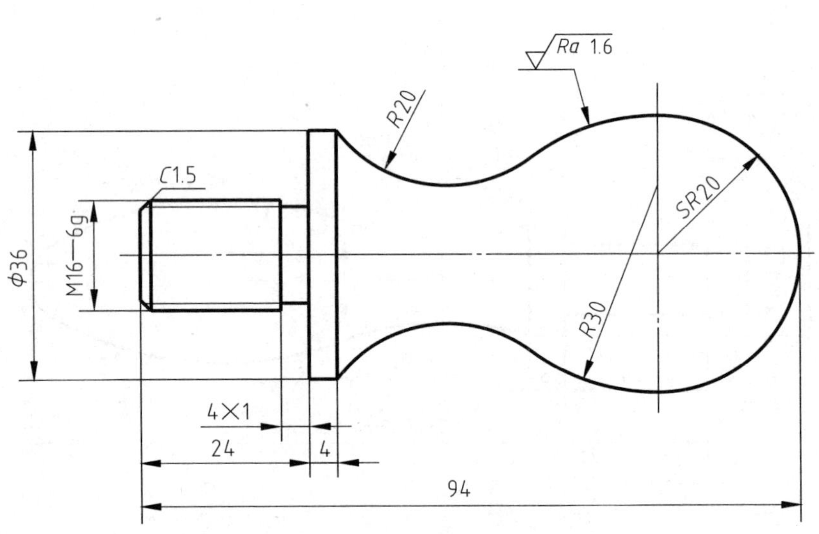

技术要求

1. 未注尺寸公差按GB/T 1804—m。
2. 去除毛刺。

Ra 3.2 (√)

代号	ZL-11	训练内容	车球头手柄		
材料	45	数量	1	工时	4h
坯料来源	棒料φ45×100		训练件去向		

十二、车活塞杆

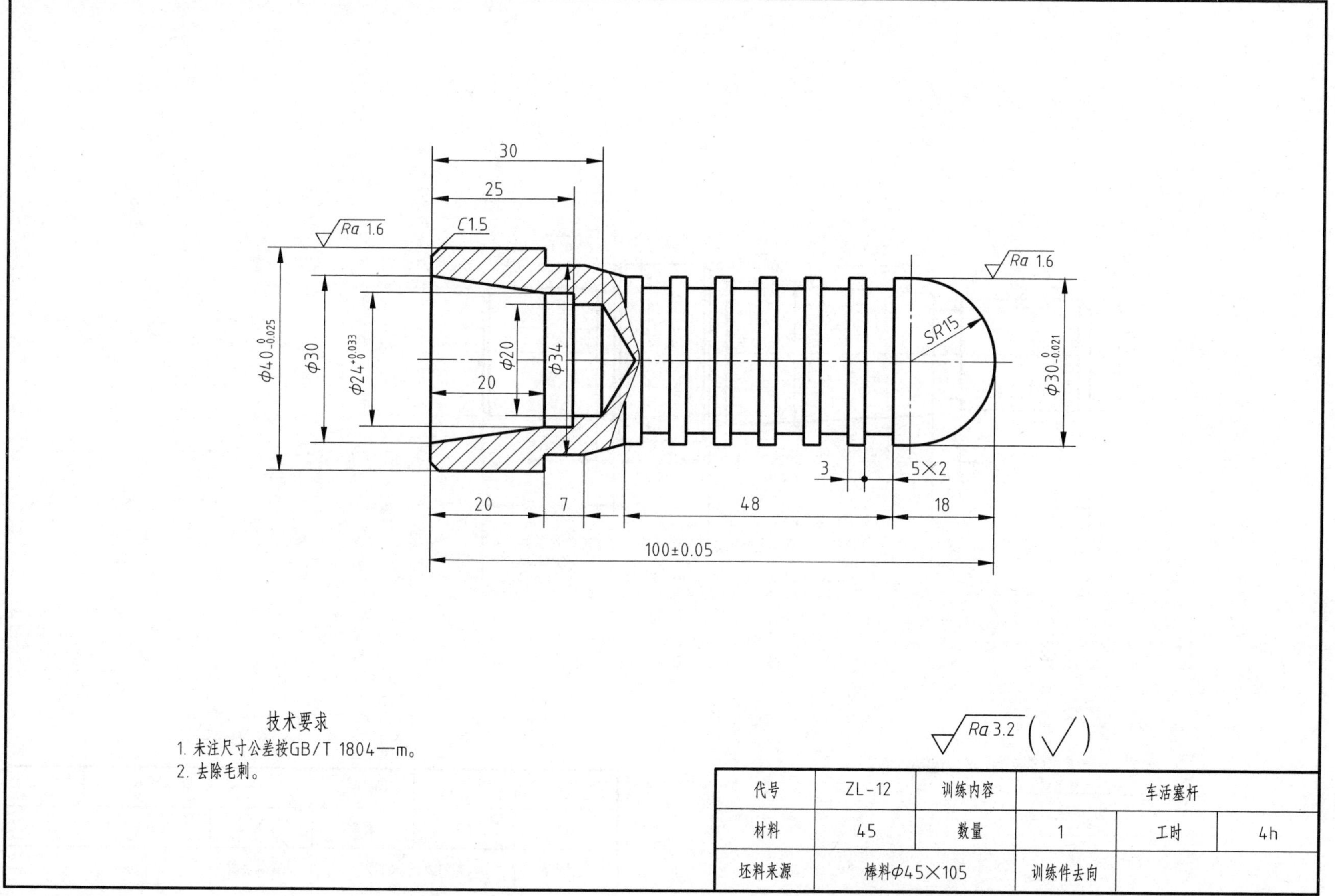

代号	ZL-12	训练内容	车活塞杆		
材料	45	数量	1	工时	4h
坯料来源	棒料φ45×105		训练件去向		

十三、车心轴

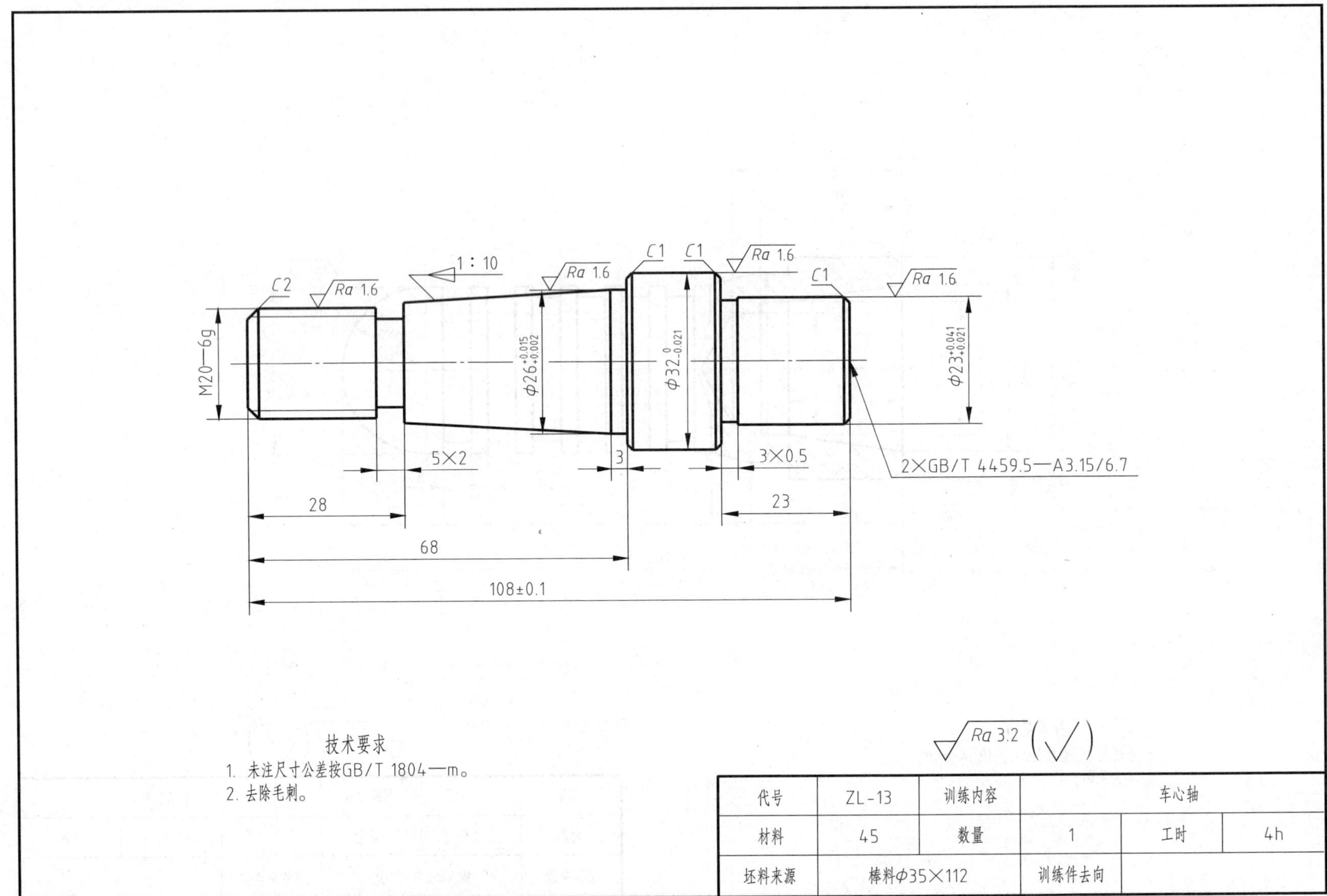

技术要求

1. 未注尺寸公差按GB/T 1804—m。
2. 去除毛刺。

代号	ZL-13	训练内容	车心轴		
材料	45	数量	1	工时	4h
坯料来源	棒料ϕ35×112	训练件去向			

十四、车球头轴

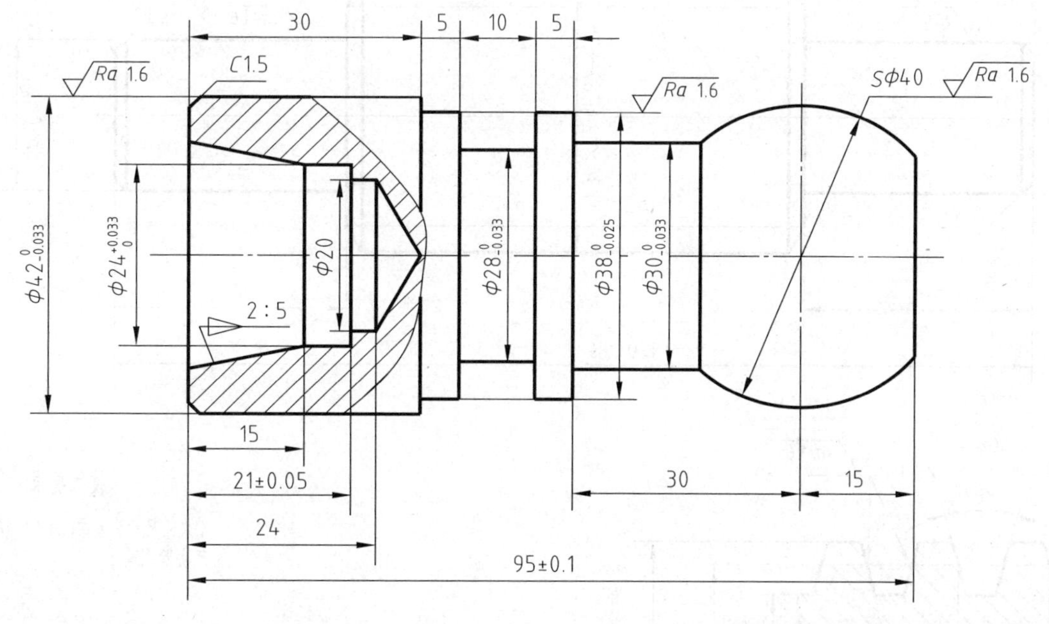

Ra 3.2 (√)

技术要求

1.未注尺寸公差按GB/T 1804—m。

2.倒钝锐边。

代号	ZL-14	训练内容	车球头轴		
材料	45	数量	1	工时	4h
坯料来源	棒料 $\phi45\times100$		训练件去向		

十五、车多线梯形螺纹轴

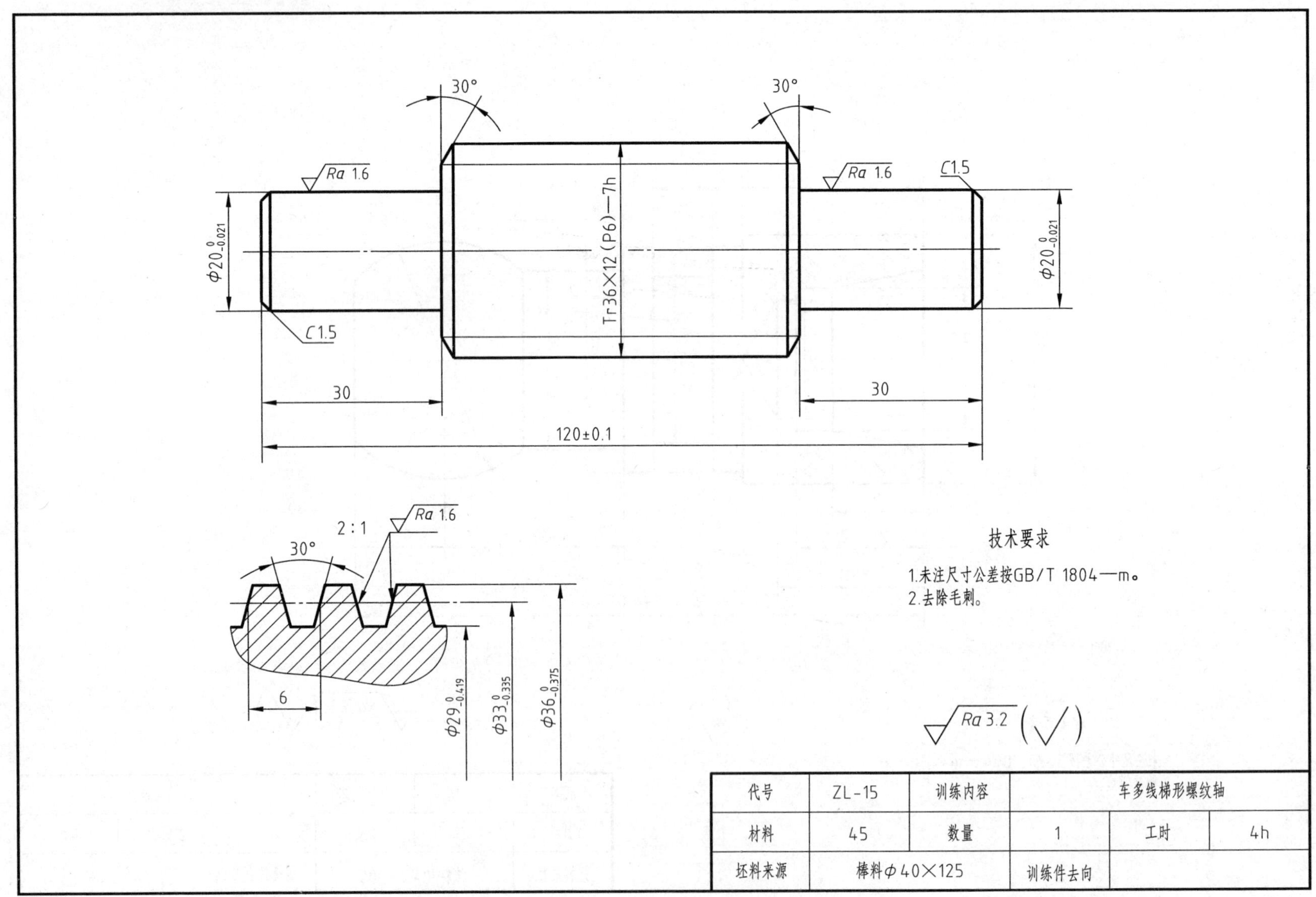

代号	ZL-15	训练内容	车多线梯形螺纹轴		
材料	45	数量	1	工时	4h
坯料来源	棒料Φ40×125		训练件去向		

十六、车带轮

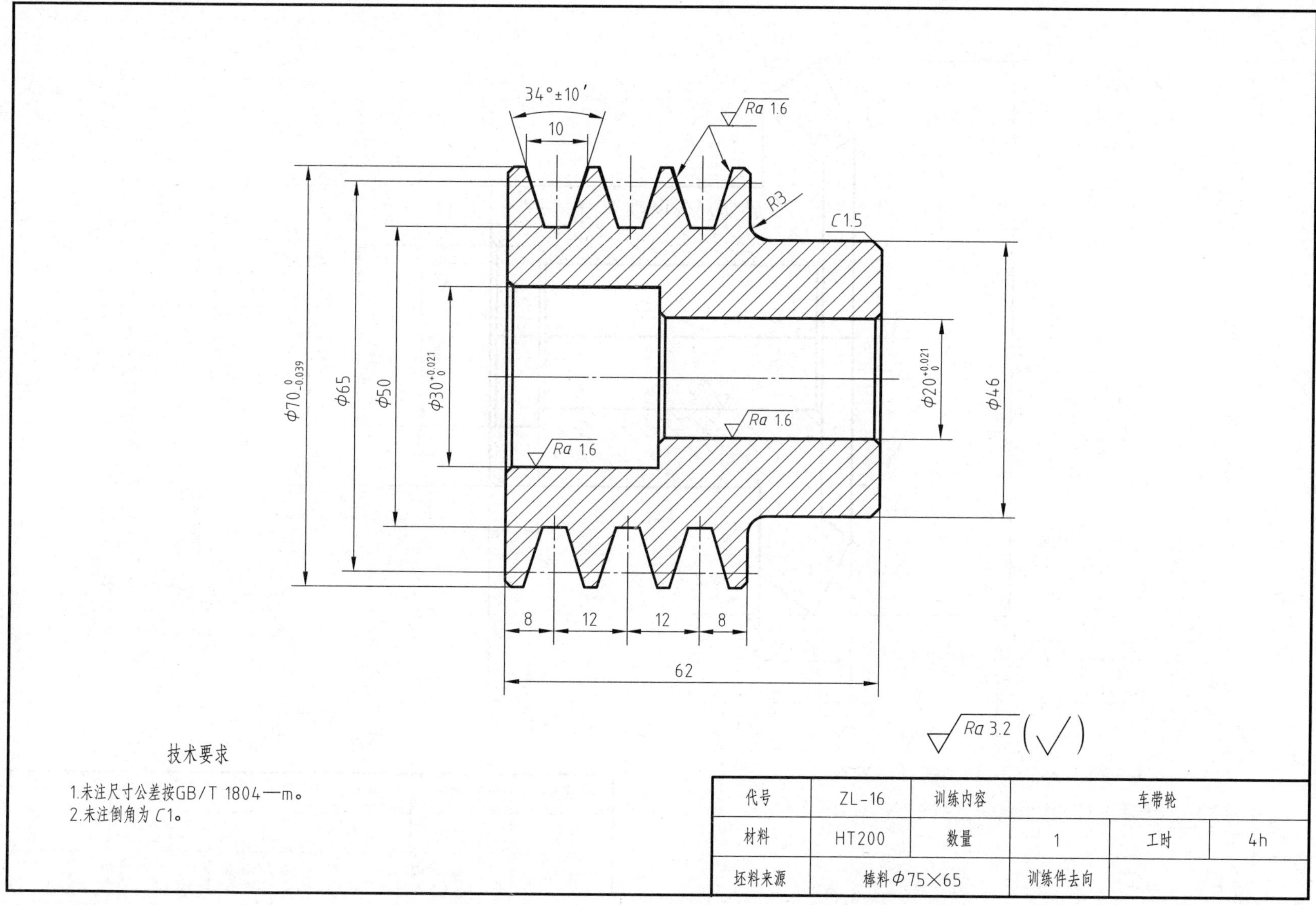

技术要求

1.未注尺寸公差按GB/T 1804—m。
2.未注倒角为C1。

代号	ZL-16	训练内容	车带轮		
材料	HT200	数量	1	工时	4h
坯料来源	棒料φ75×65		训练件去向		

十七、车锥齿轮坯

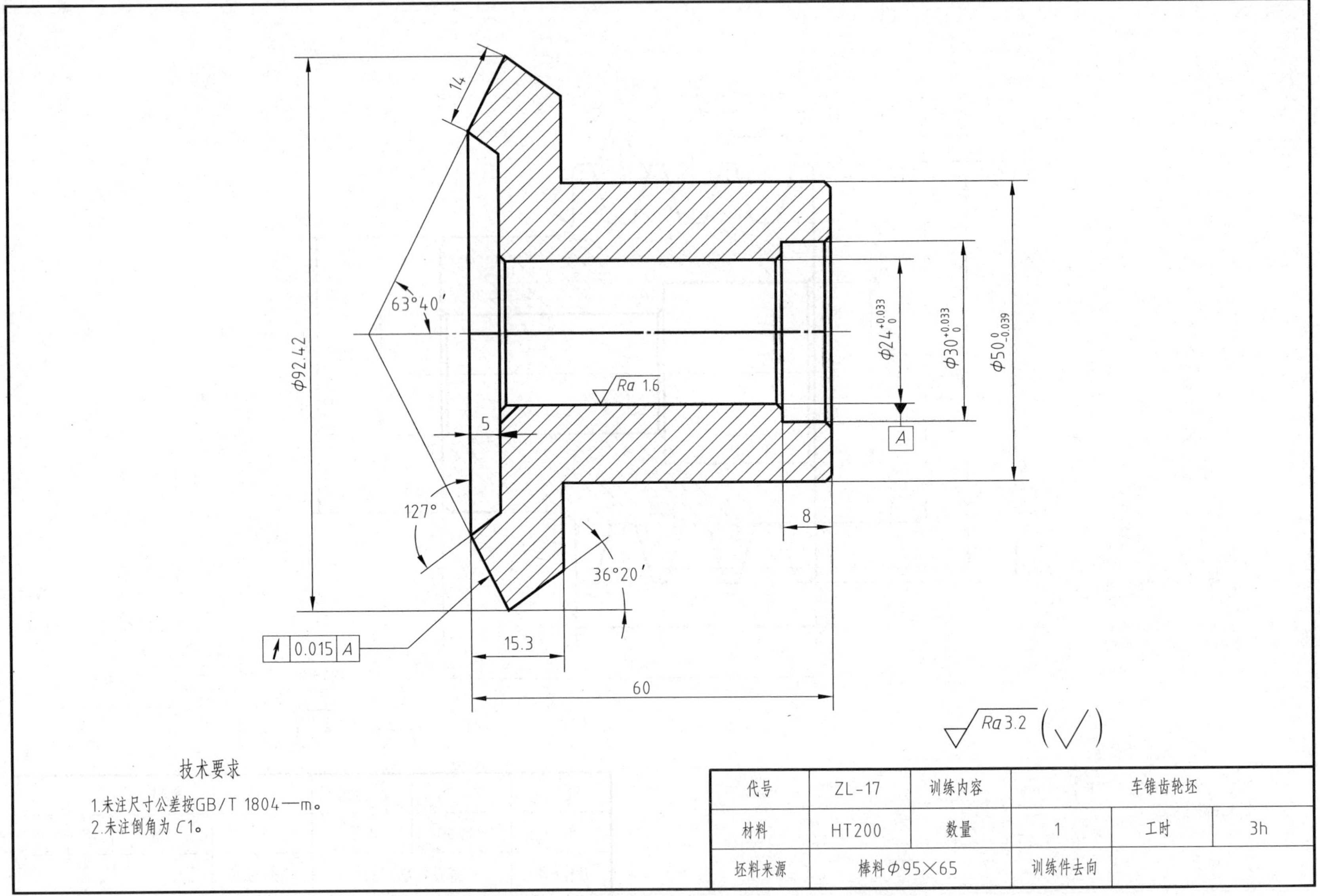

技术要求

1.未注尺寸公差按GB/T 1804—m。
2.未注倒角为 C1。

代号	ZL-17	训练内容	车锥齿轮坯		
材料	HT200	数量	1	工时	3h
坯料来源	棒料 φ95×65		训练件去向		

十八、车薄壁套环

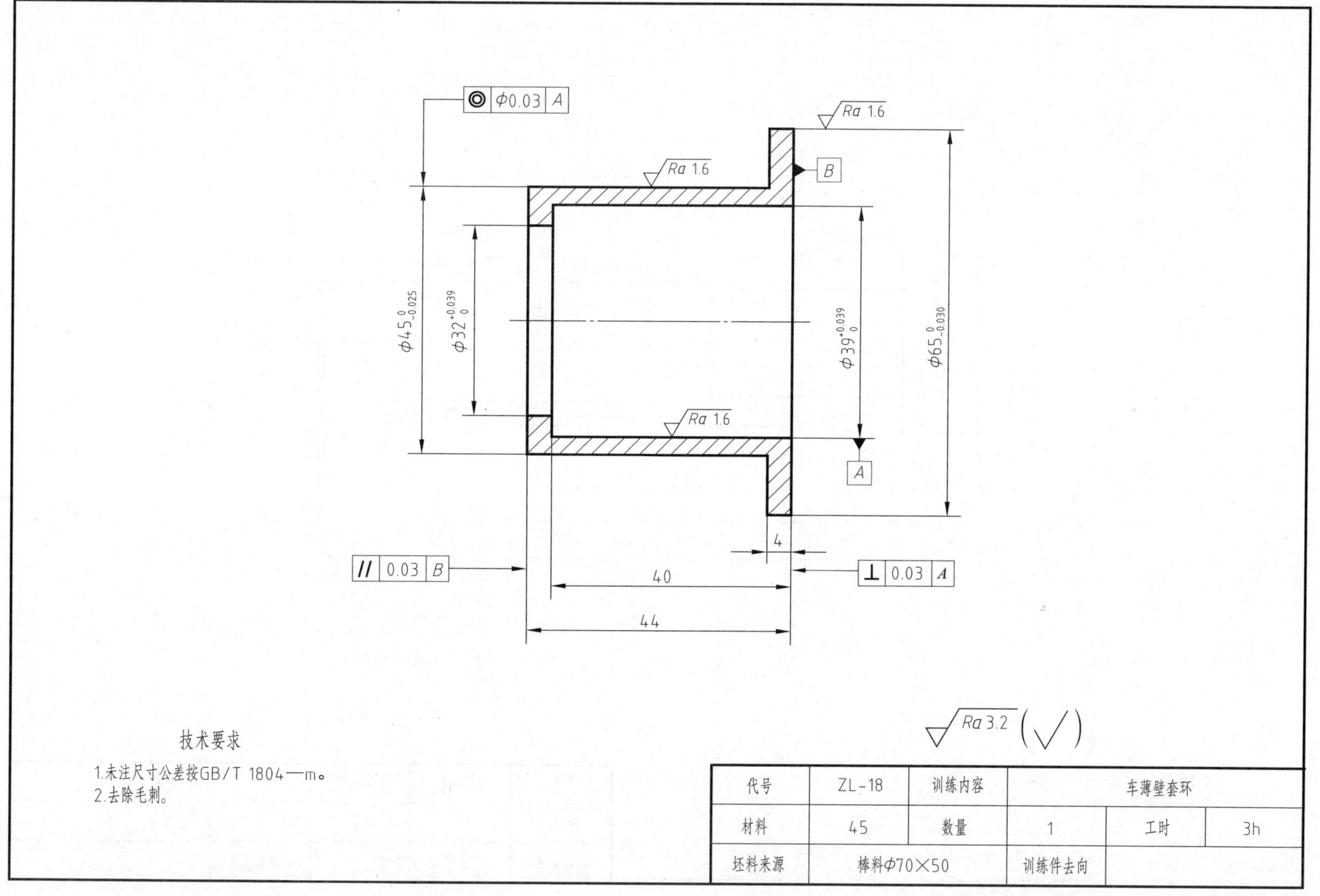

技术要求

1.未注尺寸公差按GB/T 1804—m。
2.去除毛刺。

代号	ZL-18	训练内容	车薄壁套环		
材料	45	数量	1	工时	3h
坯料来源	棒料Φ70×50		训练件去向		

十九、车弹性夹头

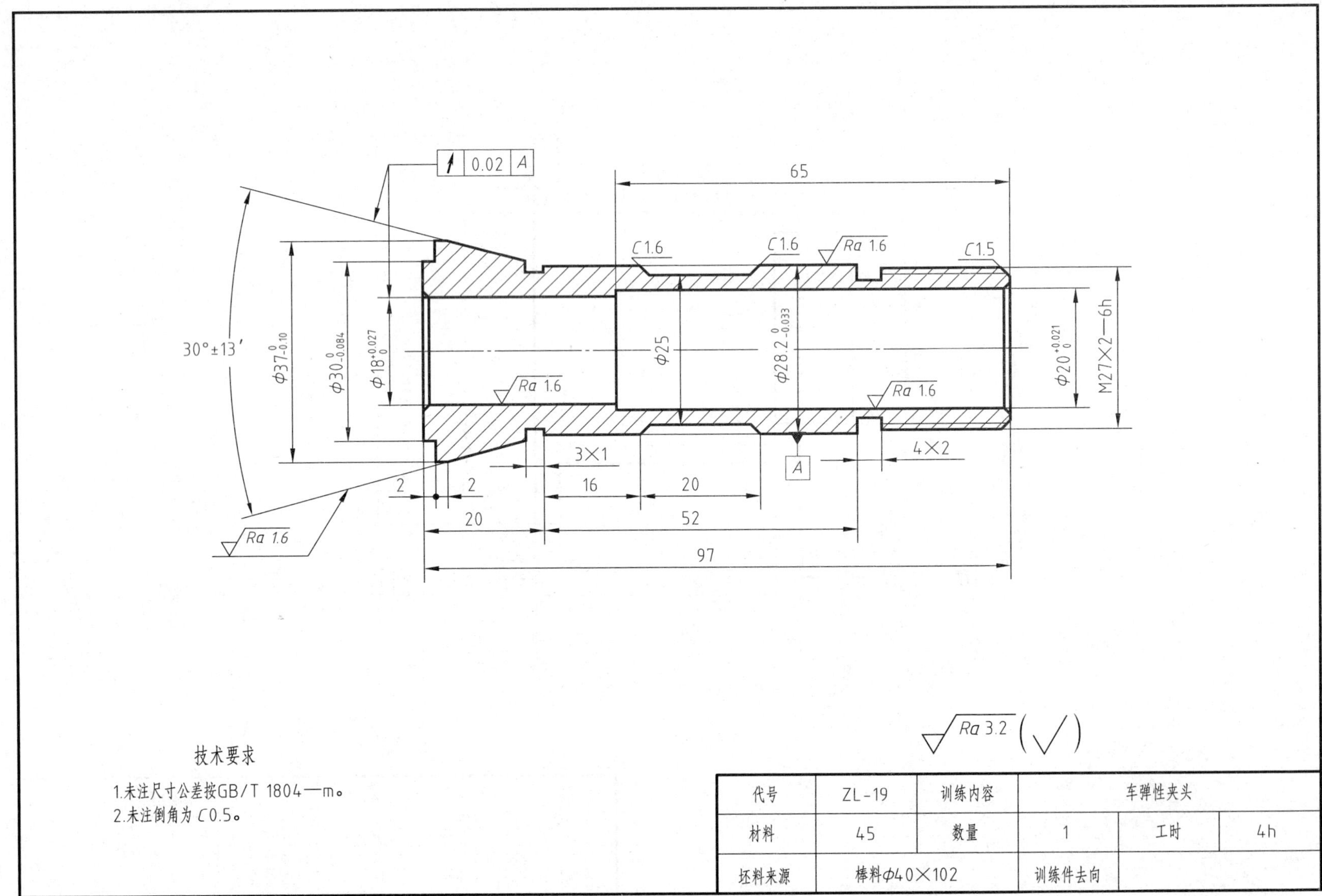

技术要求

1.未注尺寸公差按GB/T 1804—m。

2.未注倒角为C0.5。

代号	ZL-19	训练内容	车弹性夹头		
材料	45	数量	1	工时	4h
坯料来源	棒料Φ40×102	训练件去向			

二十、车圆球（配合件）

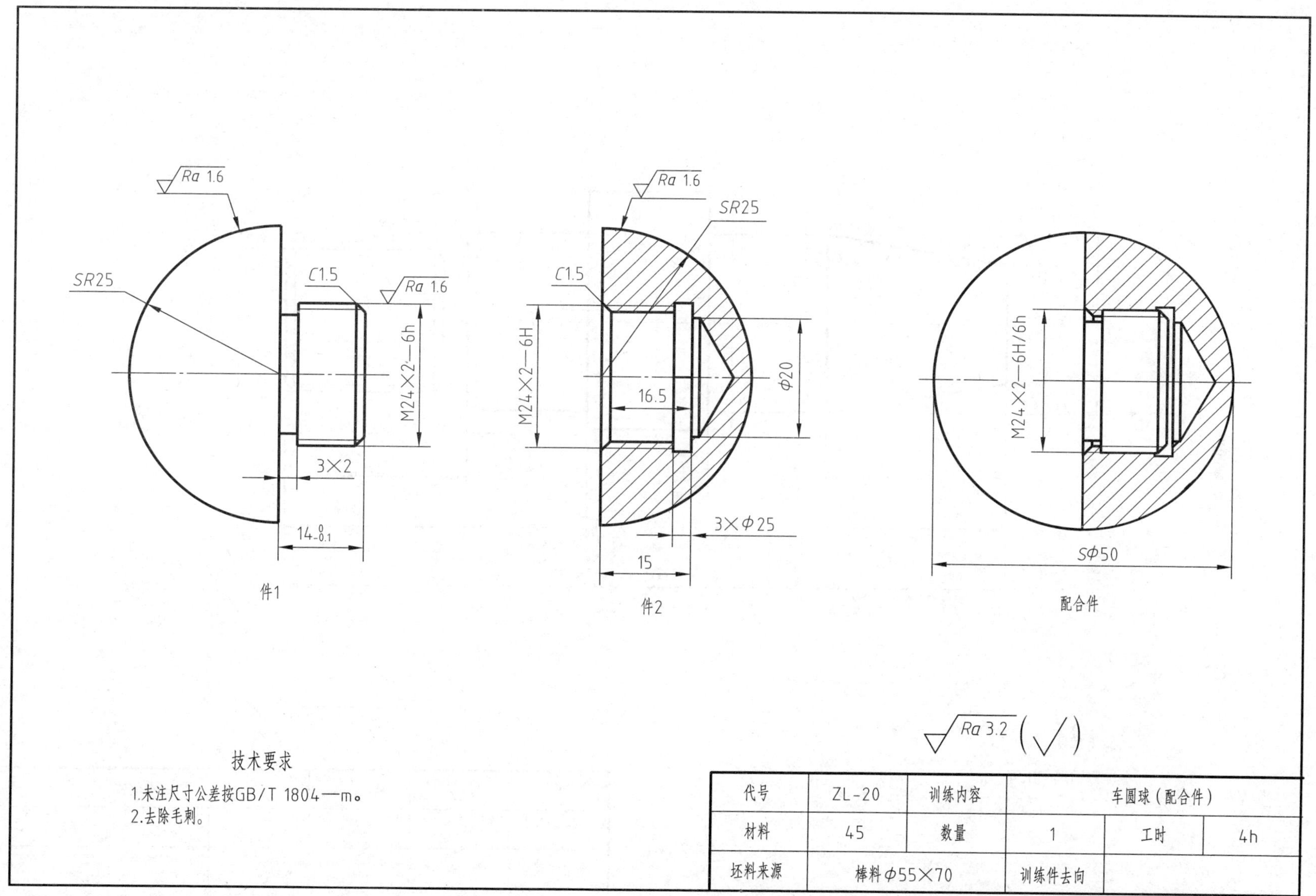

技术要求

1.未注尺寸公差按GB/T 1804—m。
2.去除毛刺。

代号	ZL-20	训练内容	车圆球（配合件）		
材料	45	数量	1	工时	4h
坯料来源	棒料Φ55×70		训练件去向		

二十一、车偏心螺纹轴

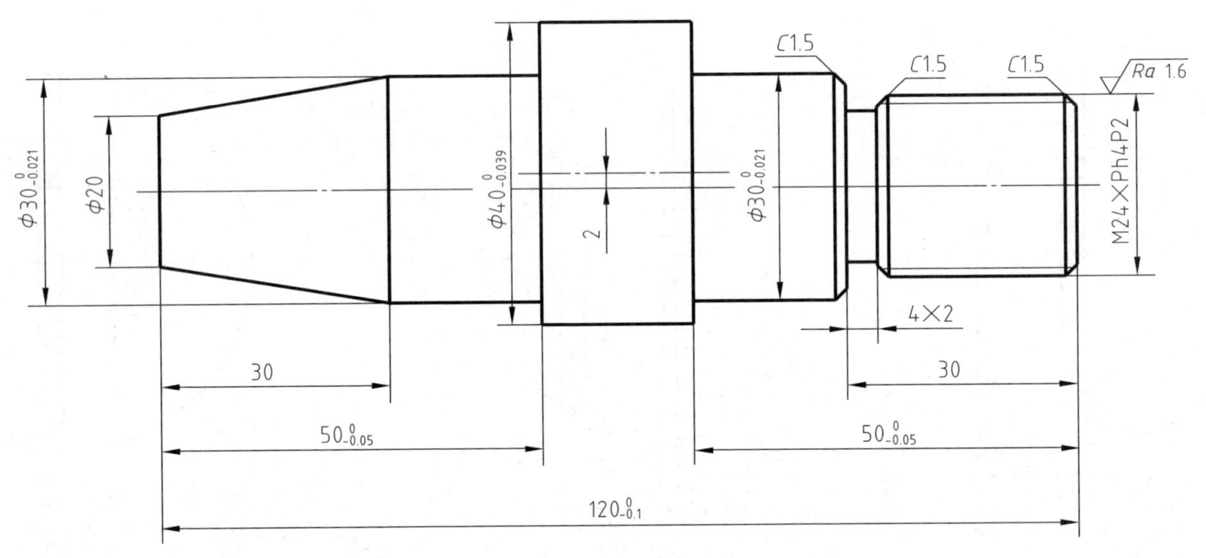

技术要求

1.未注尺寸公差按GB/T 1804—m。
2.倒钝锐边。

代号	ZL-21	训练内容	车偏心螺纹轴		
材料	45	数量	1	工时	4h
坯料来源	棒料φ45×125		训练件去向		

二十二、车梯形螺纹轴

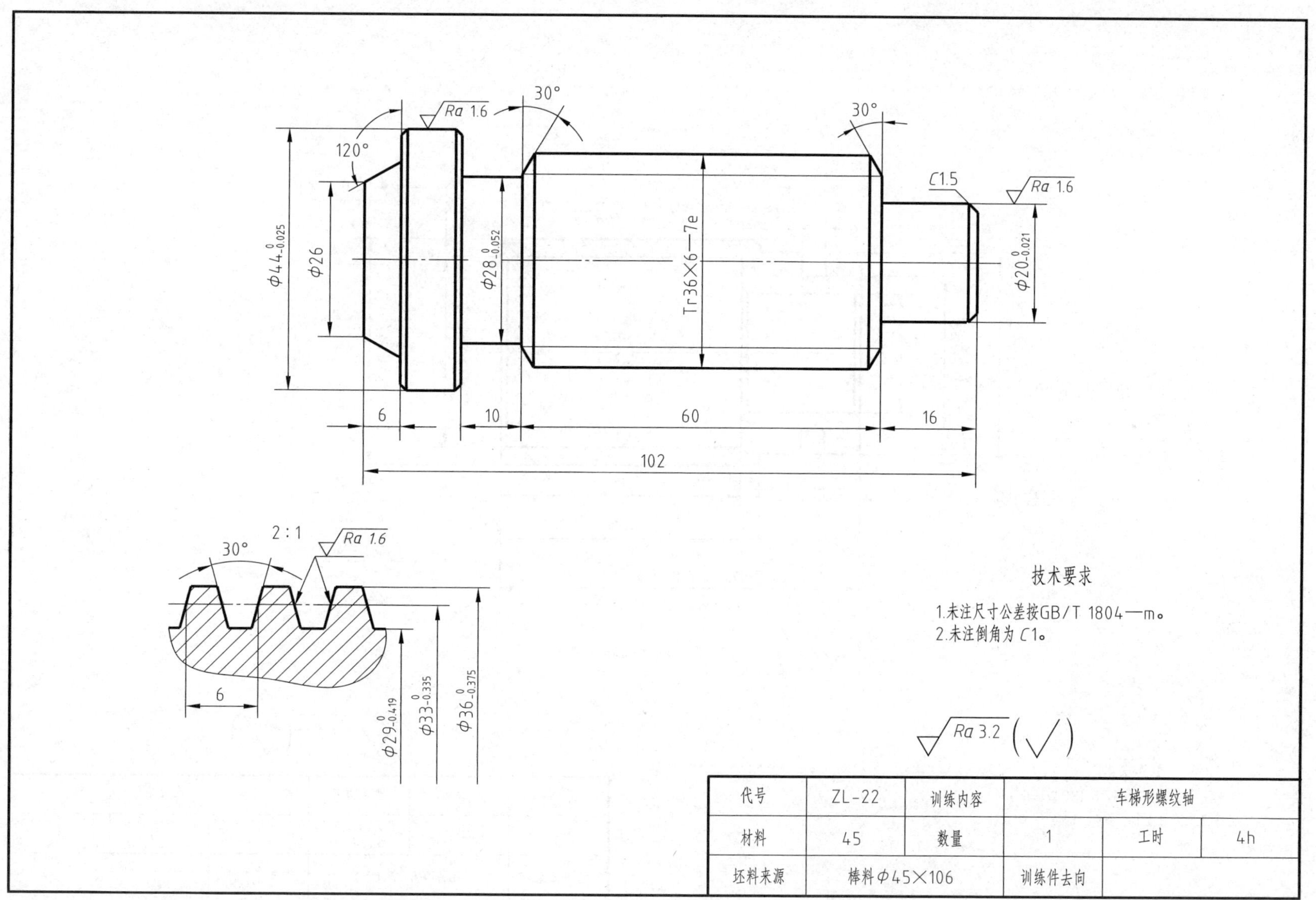

代号	ZL-22	训练内容	车梯形螺纹轴		
材料	45	数量	1	工时	4h
坯料来源	棒料φ45×106	训练件去向			

二十三、车薄壁套

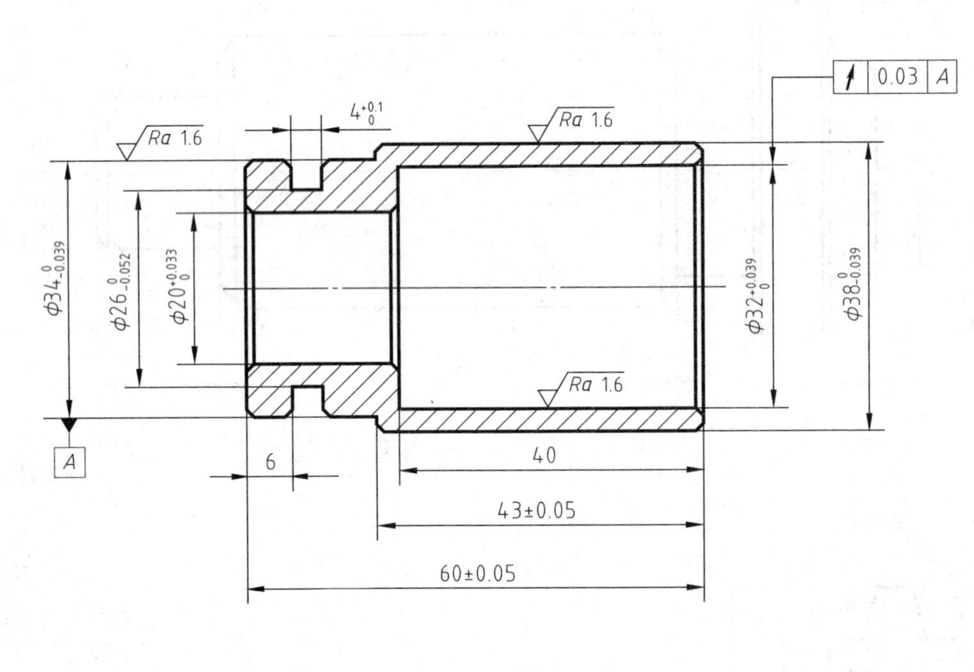

Ra 3.2 (√)

技术要求

1.未注尺寸公差按GB/T 1804—m。
2.未注倒角为C1。

代号	ZL-23	训练内容	车薄壁套		
材料	45	数量	1	工时	2h
坯料来源	棒料 φ40×65		训练件去向		

二十四、车细长轴

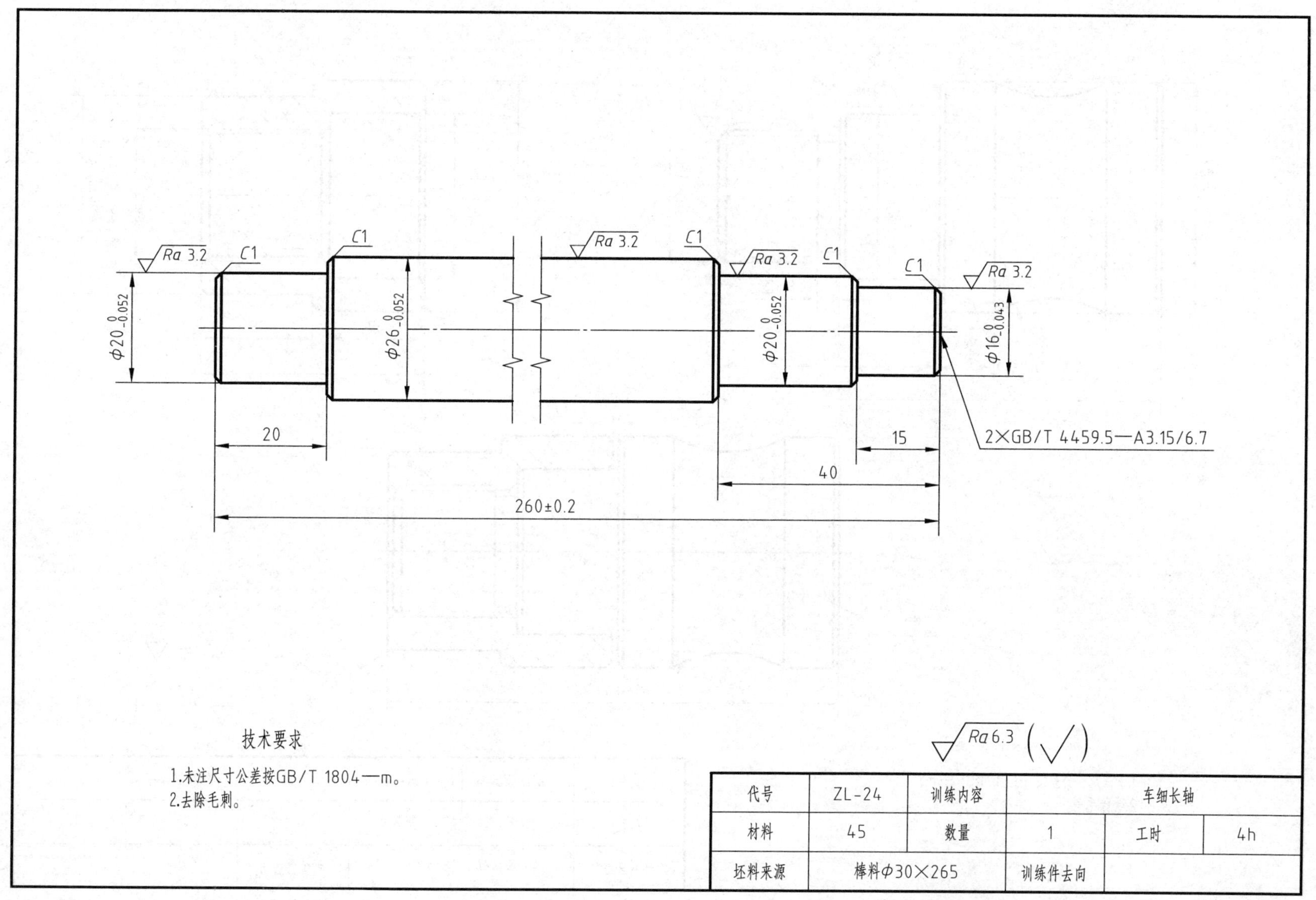

技术要求

1.未注尺寸公差按GB/T 1804—m。
2.去除毛刺。

代号	ZL-24	训练内容	车细长轴		
材料	45	数量	1	工时	4h
坯料来源	棒料φ30×265	训练件去向			

二十五、车螺纹配合件

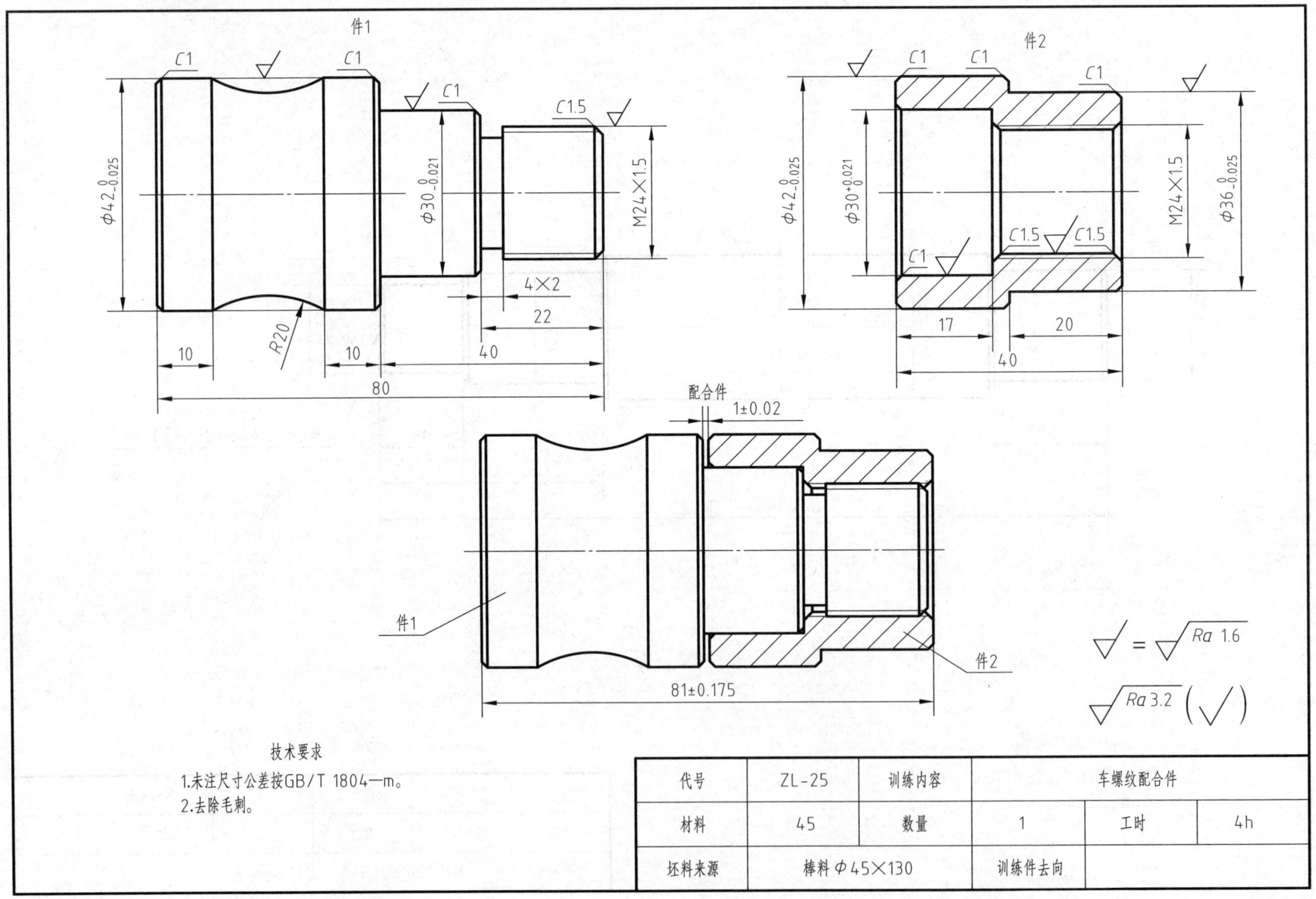

技术要求

1.未注尺寸公差按GB/T 1804—m。
2.去除毛刺。

代号	ZL-25	训练内容	车螺纹配合件		
材料	45	数量	1	工时	4h
坯料来源	棒料 φ45×130	训练件去向			

二十六、车椭圆球（配合件）

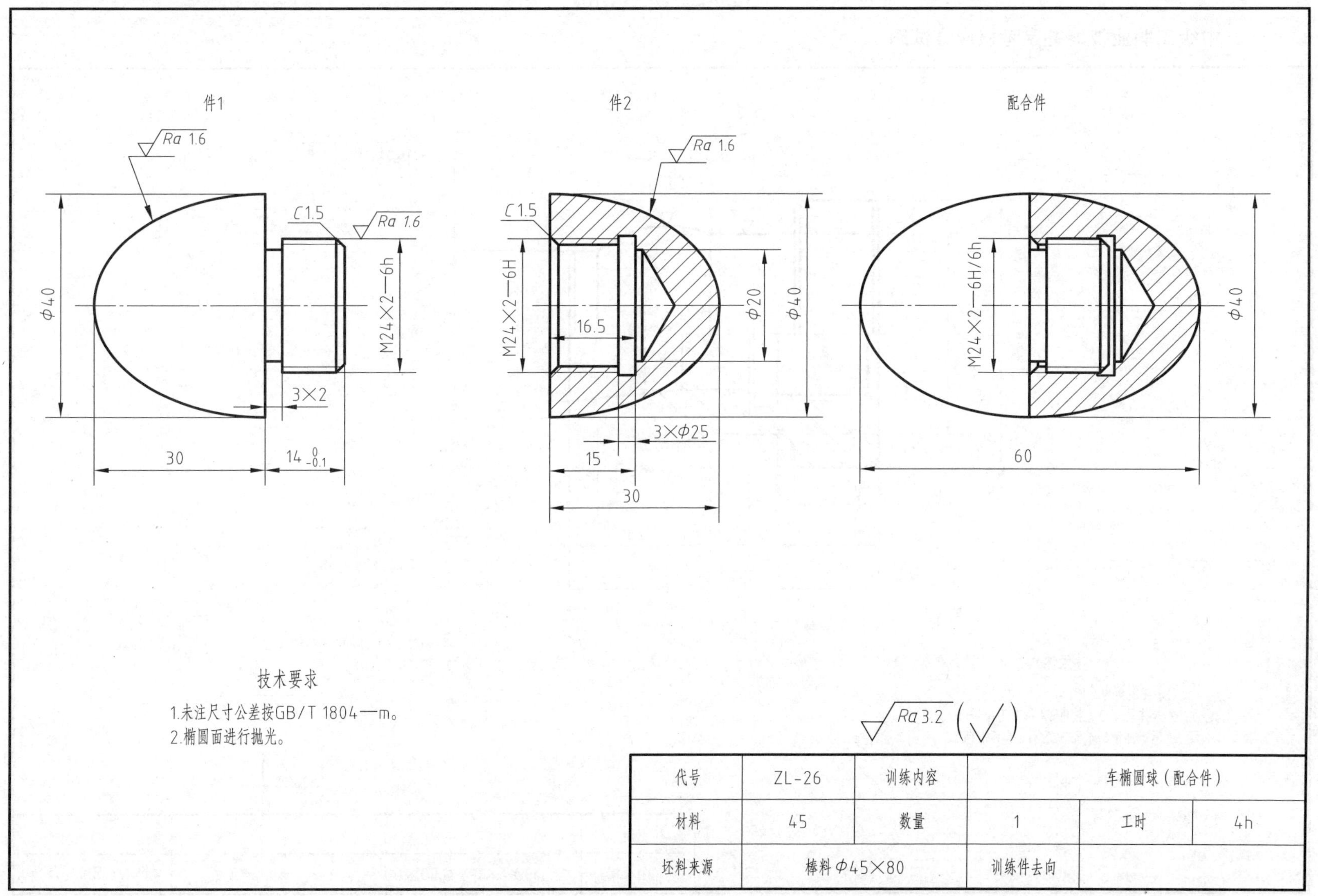

技术要求

1.未注尺寸公差按GB/T 1804—m。

2.椭圆面进行抛光。

代号	ZL-26	训练内容	车椭圆球（配合件）		
材料	45	数量	1	工时	4h
坯料来源	棒料Φ45×80		训练件去向		

鉴定考核篇

一、中级工职业技能鉴定考核应会试题 1

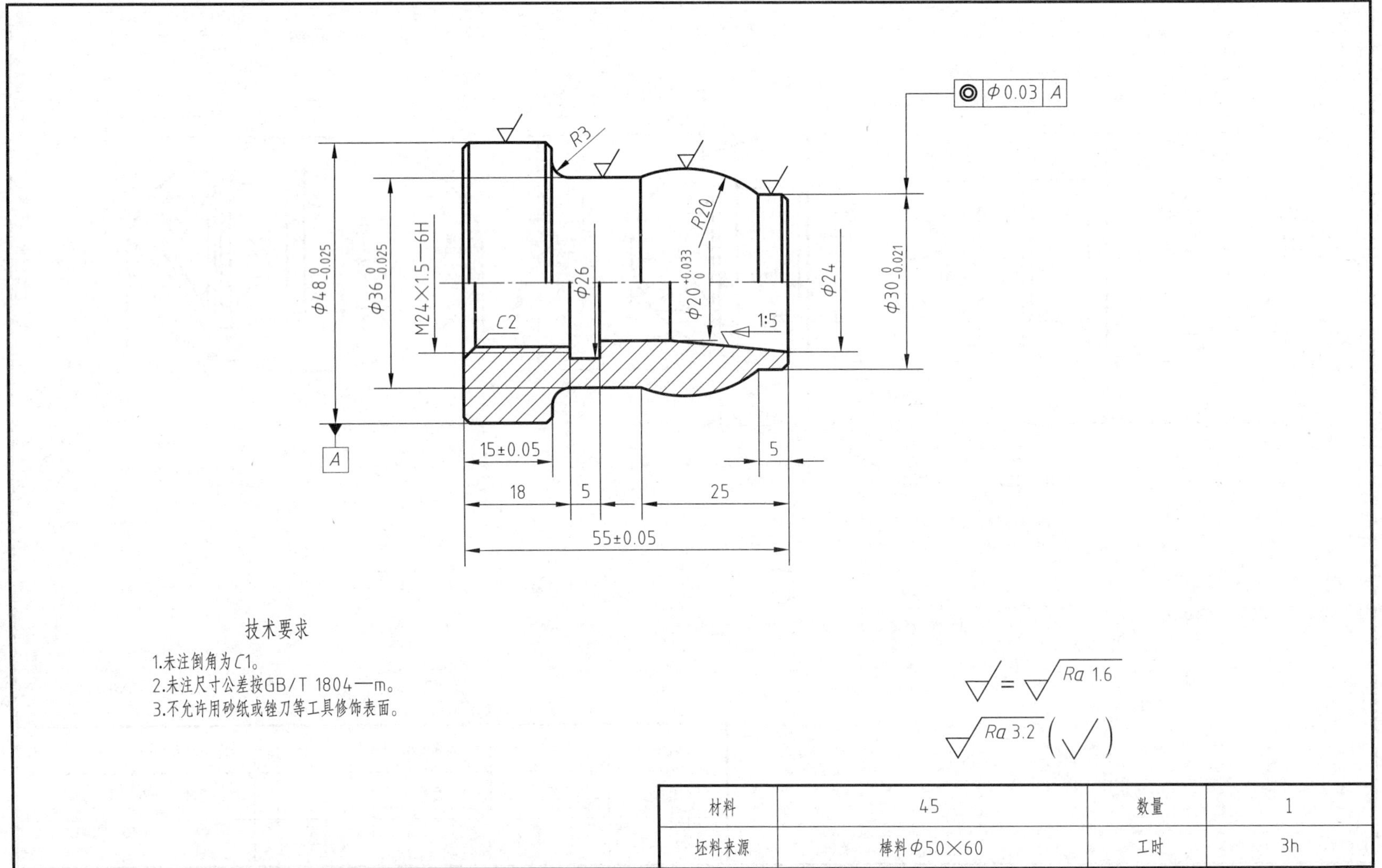

评分表		考件名称	中级工应会试题 1	检测编号		总分	
序号	考核项目	考核内容		评分标准	配分	检测记录	得分
1	长度	5 mm		超差不得分	4		
2		（55 ± 0.05）mm		超差不得分	5		
3		（15 ± 0.05）mm		超差不得分	5		
4		18 mm		超差不得分	4		
5		25 mm		超差不得分	4		
6	直径	$\phi 20^{+0.033}_{0}$ mm		超差不得分	5		
7		ϕ 24 mm		超差不得分	4		
8		$\phi 30^{0}_{-0.021}$ mm		超差不得分	5		
9		$\phi 36^{0}_{-0.025}$ mm		超差不得分	5		
10		$\phi 48^{0}_{-0.025}$ mm		超差不得分	5		
11	圆弧	*R*20 mm		超差不得分	5		
12		*R*3 mm		超差不得分	4		
13	槽	5 mm × ϕ 26 mm		超差不得分	8		
14	普通内螺纹	M24 × 1.5—6H		不合格不得分	6		
15	内圆锥	锥度 1 : 5		不合格不得分	5		
16	倒角	*C*1 mm（3 处）		超差不得分	3 × 1		
17		*C*2 mm		超差不得分	2		
18	几何公差	◎ | ϕ 0.03 | *A*		超差不得分	5		
19	表面粗糙度	*Ra*1.6 μm（4 处）		降级不得分	4 × 1		
20		*Ra*3.2 μm（7 处）		降级不得分	7 × 1		
21	安全文明生产	严格遵守安全文明生产要求		违反一次扣 1 分，扣完为止	5		

二、中级工职业技能鉴定考核应会试题 2

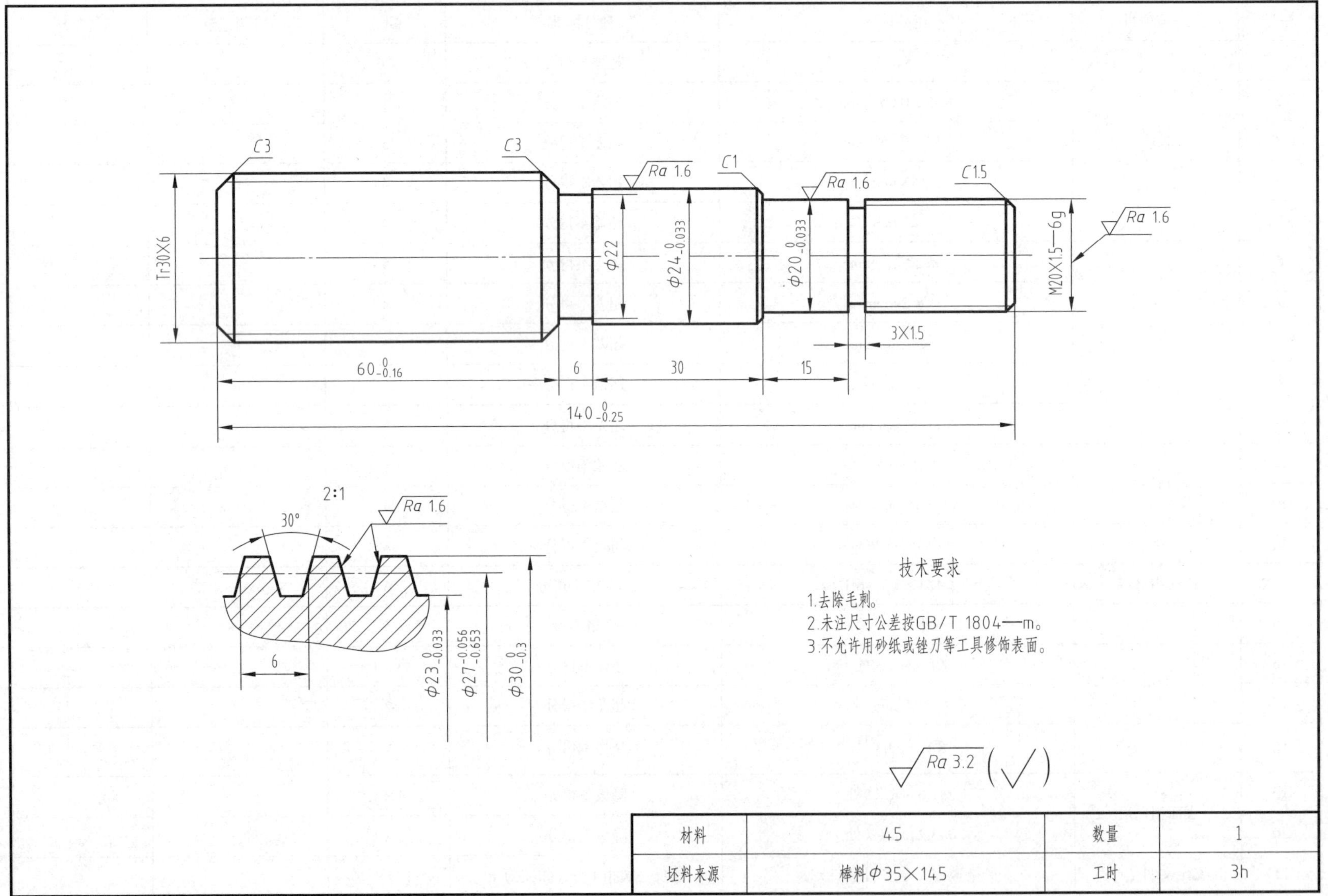

材料	45	数量	1
坯料来源	棒料Φ35×145	工时	3h

评分表		考件名称	中级工应会试题 2	检测编号	总分	
序号	考核项目	考核内容	评分标准	配分	检测记录	得分
1	长度	15 mm	超差不得分	5		
2		30 mm	超差不得分	5		
3		$60_{-0.16}^{0}$ mm	超差不得分	6		
4		$140_{-0.25}^{0}$ mm	超差不得分	6		
5	直径	$\phi 20_{-0.033}^{0}$ mm	超差不得分	6		
6		$\phi 24_{-0.033}^{0}$ mm	超差不得分	6		
7	槽	3 mm × 1.5 mm	超差不得分	6		
8		6 mm × ϕ 22 mm	超差不得分	6		
9	梯形螺纹	小径：$\phi 23_{-0.033}^{0}$ mm	超差不得分	5		
10		中径：$\phi 27_{-0.653}^{-0.056}$ mm	超差不得分	6		
11		大径：$\phi 30_{-0.3}^{0}$ mm	超差不得分	5		
12		螺距：6 mm	超差不得分	5		
13		牙型角：30°	超差不得分	6		
14	普通螺纹	M20 × 1.5—6g	不合格不得分	6		
15	倒角	C1 mm	超差不得分	1		
16		C1.5 mm	超差不得分	1		
17		C3 mm（2 处）	超差不得分	2 × 2		
18	表面粗糙度	Ra1.6 μm（4 处）	降级不得分	4 × 1		
19		Ra3.2 μm（6 处）	降级不得分	6 × 1		
20	安全文明生产	严格遵守安全文明生产要求	违反一次扣 1 分，扣完为止	5		

三、中级工职业技能鉴定考核应会试题 3

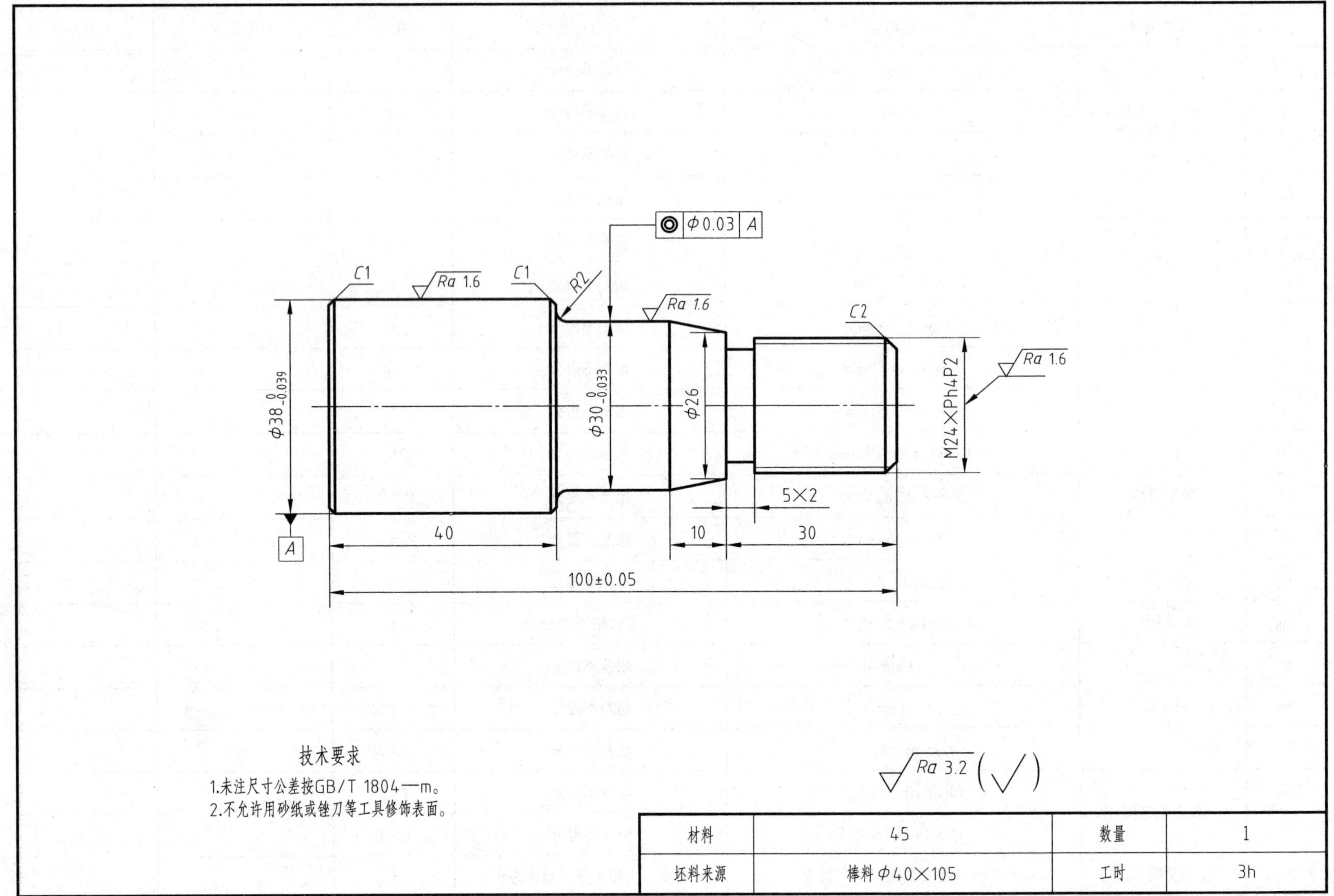

材料	45	数量	1
坯料来源	棒料 Φ40×105	工时	3h

评分表		考件名称	中级工应会试题 3	检测编号		总分	
序号	考核项目	考核内容		评分标准	配分	检测记录	得分
1	长度	30 mm		超差不得分	6		
2		10 mm		超差不得分	5		
3		40 mm		超差不得分	6		
4		(100 ± 0.05) mm		超差不得分	7		
5	直径	$\phi 30_{-0.033}^{0}$ mm		超差不得分	7		
6		$\phi 38_{-0.039}^{0}$ mm		超差不得分	7		
7		$\phi 26$ mm		超差不得分	5		
8	圆弧	$R2$ mm		超差不得分	7		
9	槽	5 mm × 2 mm		超差不得分	8		
10	多线普通螺纹	M24 × Ph4P2		不合格不得分	12		
11	倒角	$C1$ mm（2 处）		超差不得分	2 × 2		
12		$C2$ mm		超差不得分	2		
13	几何公差	◎ | $\phi 0.03$ | A		超差不得分	7		
14	表面粗糙度	$Ra1.6$ μm（3 处）		降级不得分	3 × 2		
15		$Ra3.2$ μm（6 处）		降级不得分	6 × 1		
16	安全文明生产	严格遵守安全文明生产要求		违反一次扣 1 分，扣完为止	5		

四、中级工职业技能鉴定考核应会试题 4

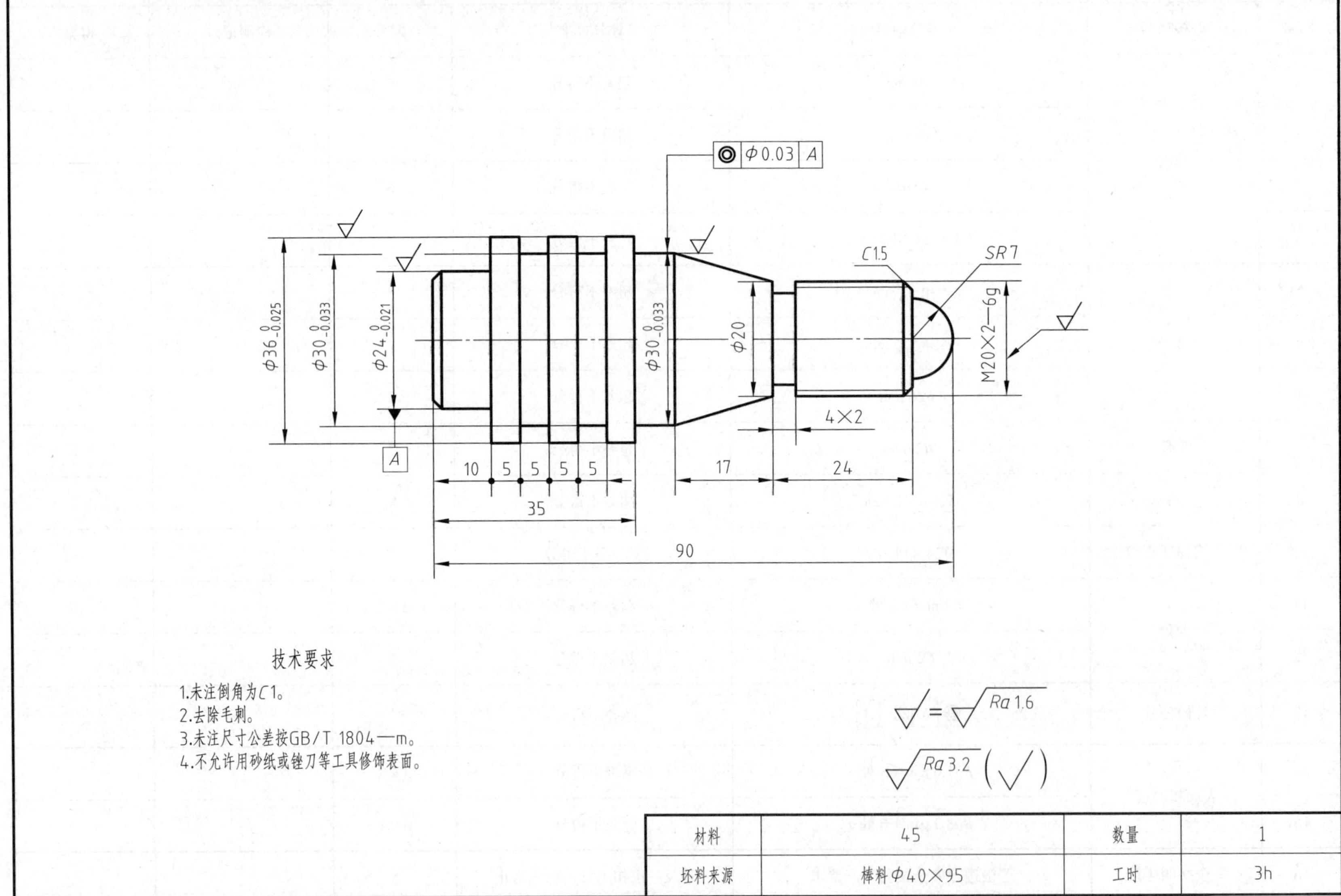

材料	45	数量	1
坯料来源	棒料Φ40×95	工时	3h

评分表		考件名称	中级工应会试题 4	检测编号		总分	
序号	考核项目	考核内容		评分标准	配分	检测记录	得分
1	长度	10 mm		超差不得分	4		
2		5 mm（2 处）		超差不得分	2 × 3		
3		35 mm		超差不得分	4		
4		17 mm		超差不得分	4		
5		24 mm		超差不得分	4		
6		90 mm		超差不得分	4		
7	直径	$\phi 24_{-0.021}^{0}$ mm		超差不得分	5		
8		$\phi 36_{-0.025}^{0}$ mm（3 处）		超差不得分	3 × 3		
9		$\phi 30_{-0.033}^{0}$ mm		超差不得分	5		
10		$\phi 20$ mm		超差不得分	5		
11	球半径	*SR*7 mm		超差不得分	6		
12	槽	4 mm × 2 mm		超差不得分	4		
13		5 mm × $\phi 30_{-0.033}^{0}$ mm（2 处）		超差不得分	2 × 4		
14	普通螺纹	M20 × 2—6g		不合格不得分	7		
15	倒角	*C*1 mm		超差不得分	1		
16		*C*1.5 mm		超差不得分	1		
17	几何公差	◎ | ϕ 0.03 | *A*		超差不得分	5		
18	表面粗糙度	*Ra*1.6 μm（6 处）		降级不得分	6 × 1		
19		*Ra*3.2 μm（7 处）		降级不得分	7 × 1		
20	安全文明生产	严格遵守安全文明生产要求		违反一次扣 1 分，扣完为止	5		

五、中级工职业技能鉴定考核应会试题 5

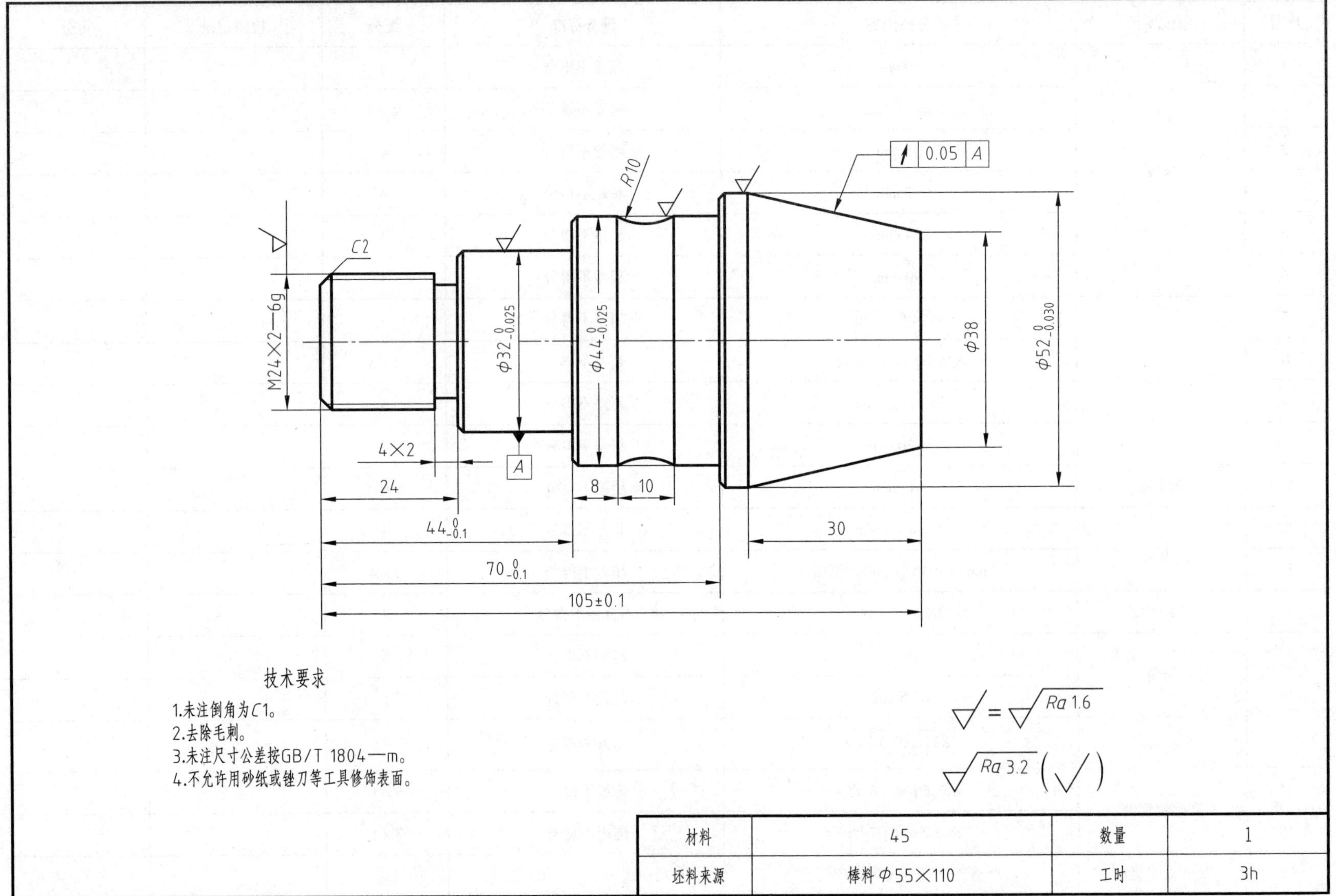

材料	45	数量	1
坯料来源	棒料 φ55×110	工时	3h

评分表		考件名称	中级工应会试题 5	检测编号		总分
序号	考核项目	考核内容	评分标准	配分	检测记录	得分
1	长度	24 mm	超差不得分	4		
2		$44_{-0.1}^{0}$ mm	超差不得分	4		
3		8 mm	超差不得分	4		
4		10 mm	超差不得分	4		
5		$70_{-0.1}^{0}$ mm	超差不得分	5		
6		30 mm	超差不得分	4		
7		（105 ± 0.1）mm	超差不得分	5		
8	直径	$\phi 32_{-0.025}^{0}$ mm	超差不得分	5		
9		$\phi 44_{-0.025}^{0}$ mm（2 处）	超差不得分	2 × 5		
10		$\phi 52_{-0.030}^{0}$ mm	超差不得分	5		
11		$\phi 38$ mm	超差不得分	5		
12	凹圆弧	*R*10 mm	超差不得分	6		
13	槽	4 mm × 2 mm	超差不得分	4		
14	普通外螺纹	M24 × 2—6g	不合格不得分	8		
15	倒角	*C*1 mm（3 处）	超差不得分	3 × 1		
16		*C*2 mm	超差不得分	1		
17	几何公差	↗ | 0.05 | *A*	超差不得分	5		
18	表面粗糙度	*Ra*1.6 μm（5 处）	降级不得分	5 × 1		
19		*Ra*3.2 μm（8 处）	降级不得分	8 × 1		
20	安全文明生产	严格遵守安全文明生产要求	违反一次扣 1 分，扣完为止	5		

六、中级工职业技能鉴定考核应会试题 6

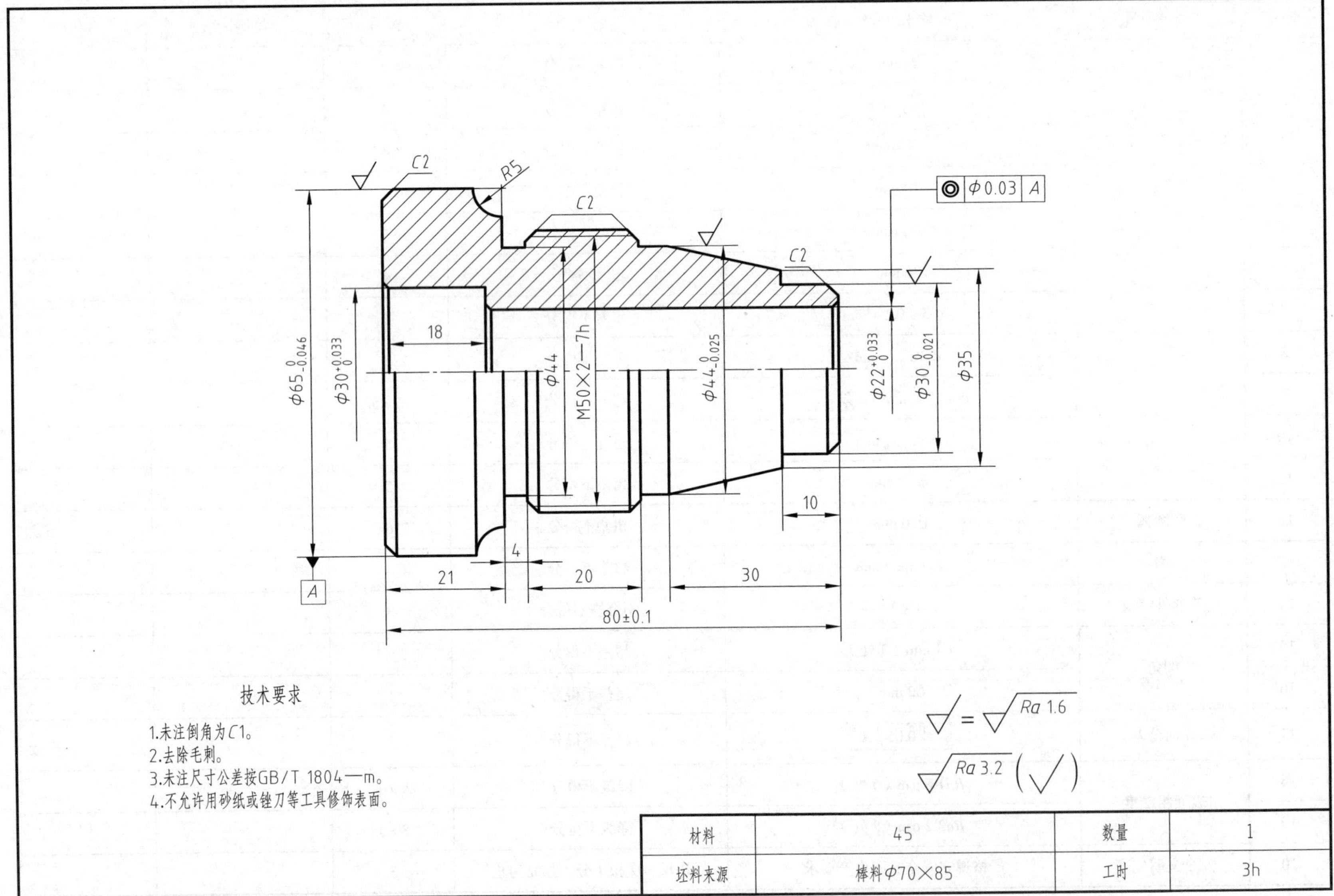

材料	45	数量	1
坯料来源	棒料ϕ70×85	工时	3h

评分表	考件名称	中级工应会试题 6	检测编号		总分	
序号	考核项目	考核内容	评分标准	配分	检测记录	得分
1	长度	21 mm	超差不得分	4		
2		20 mm	超差不得分	4		
3		30 mm	超差不得分	4		
4		10 mm	超差不得分	4		
5		18 mm	超差不得分	4		
6		（80 ± 0.1）mm	超差不得分	5		
7	直径	$\phi 30_{-0.021}^{0}$ mm	超差不得分	5		
8		$\phi 44_{-0.025}^{0}$ mm	超差不得分	5		
9		$\phi 65_{-0.046}^{0}$ mm	超差不得分	5		
10		$\phi 35$ mm	超差不得分	5		
11		$\phi 30_{0}^{+0.033}$ mm	超差不得分	5		
12		$\phi 22_{0}^{+0.033}$ mm	超差不得分	5		
13	凹圆弧	$R5$ mm	超差不得分	4		
14	槽	4 mm × $\phi 44$ mm	超差不得分	4		
15	普通外螺纹	M50 × 2—7h	不合格不得分	8		
16	倒角	$C1$ mm（3 处）	超差不得分	3 × 1		
17		$C2$ mm（4 处）	超差不得分	4 × 1		
18	几何公差	◎ $\phi 0.03$ A	超差不得分	5		
19	表面粗糙度	$Ra1.6$ μm（3 处）	降级不得分	3 × 1		
20		$Ra3.2$ μm（9 处）	降级不得分	9 × 1		
21	安全文明生产	严格遵守安全文明生产要求	违反一次扣 1 分，扣完为止	5		

七、中级工职业技能鉴定考核应会试题 7

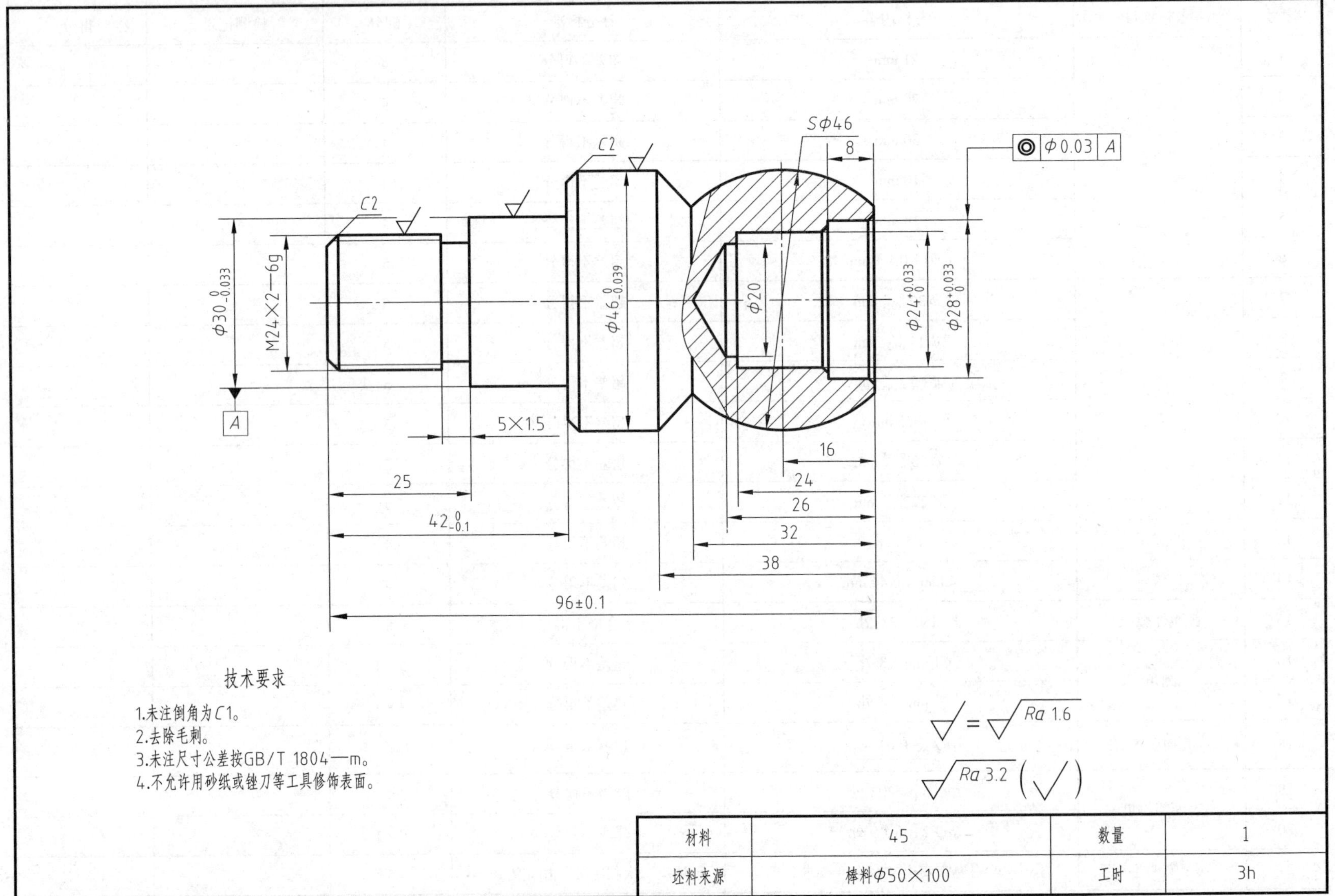

技术要求

1.未注倒角为C1。
2.去除毛刺。
3.未注尺寸公差按GB/T 1804—m。
4.不允许用砂纸或锉刀等工具修饰表面。

材料	45	数量	1
坯料来源	棒料Φ50×100	工时	3h

评分表	考件名称	中级工应会试题 7	检测编号		总分	
序号	考核项目	考核内容	评分标准	配分	检测记录	得分
1	长度	8 mm	超差不得分	4		
2		16 mm	超差不得分	4		
3		24 mm	超差不得分	4		
4		26 mm	超差不得分	4		
5		32 mm	超差不得分	4		
6		38 mm	超差不得分	4		
7		25 mm	超差不得分	4		
8		$42_{-0.1}^{0}$ mm	超差不得分	4		
9		（96 ± 0.1）mm	超差不得分	4		
10	直径	$\phi 30_{-0.033}^{0}$ mm	超差不得分	4		
11		$\phi 46_{-0.039}^{0}$ mm	超差不得分	4		
12		$\phi 20$ mm	超差不得分	4		
13		$\phi 24_{0}^{+0.033}$ mm	超差不得分	4		
14		$\phi 28_{0}^{+0.033}$ mm	超差不得分	4		
15	球体	$S\phi 46$ mm	超差不得分	8		
16	槽	5 mm × 1.5 mm	超差不得分	4		
17	普通外螺纹	M24 × 2—6g	不合格不得分	6		
18	倒角	$C1$ mm（2 处）	超差不得分	2 × 1		
19		$C2$ mm（2 处）	超差不得分	2 × 1		
20	几何公差	◎ | $\phi 0.03$ | A	超差不得分	5		
21	表面粗糙度	$Ra1.6$ μm（3 处）	降级不得分	3 × 1		
22		$Ra3.2$ μm（9 处）	降级不得分	9 × 1		
23	安全文明生产	严格遵守安全文明生产要求	违反一次扣 1 分，扣完为止	5		

八、中级工职业技能鉴定考核应会试题 8

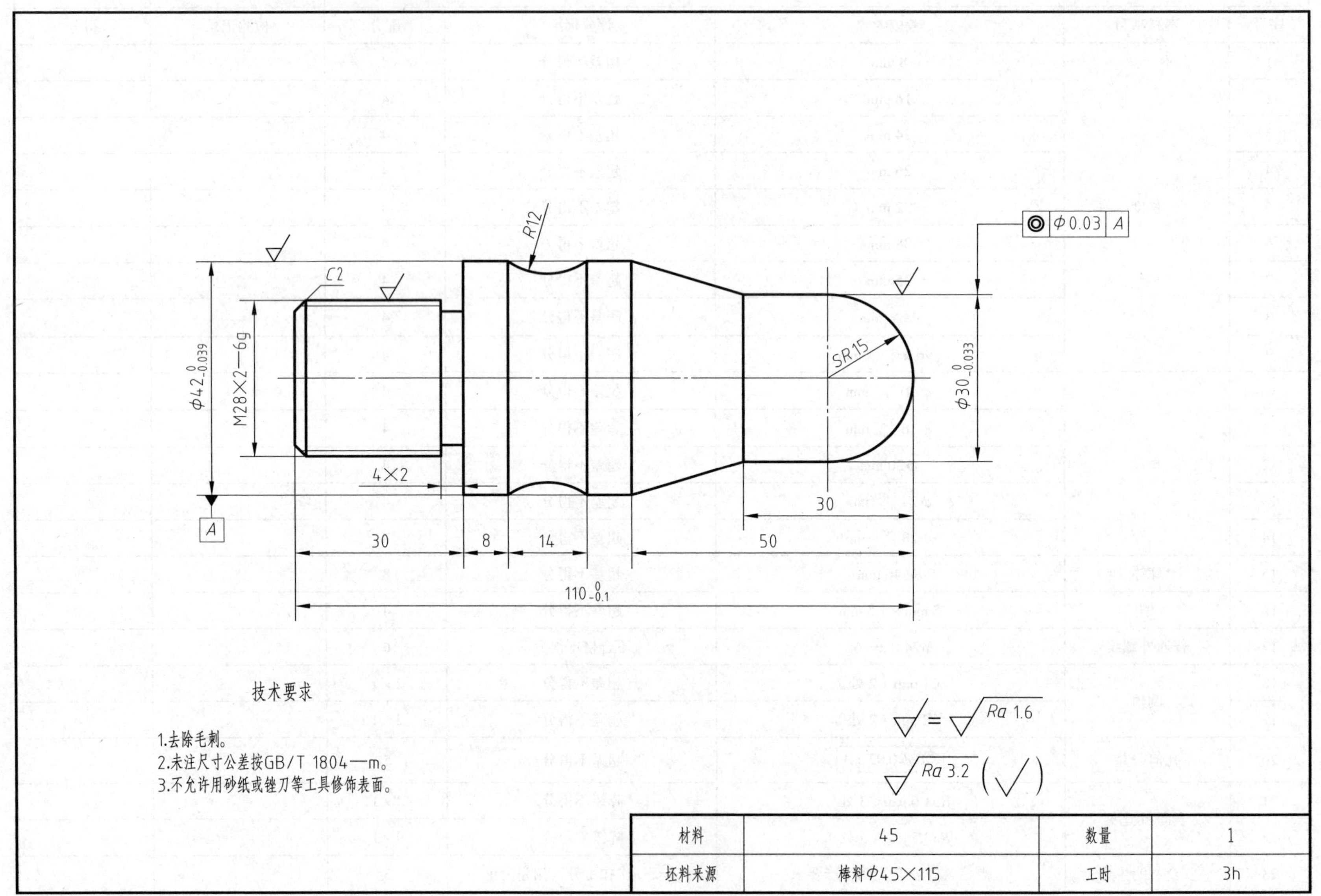

<table>
<tr><td colspan="2">评分表</td><td>考件名称</td><td colspan="2">中级工应会试题 8</td><td>检测编号</td><td></td><td>总分</td><td></td></tr>
</table>

序号	考核项目	考核内容	评分标准	配分	检测记录	得分
1	长度	30 mm（2 处）	超差不得分	2×5		
2		8 mm	超差不得分	5		
3		14 mm	超差不得分	5		
4		50 mm	超差不得分	5		
5		$110_{-0.1}^{0}$ mm	超差不得分	5		
6	直径	$\phi 30_{-0.033}^{0}$ mm	超差不得分	6		
7		$\phi 42_{-0.039}^{0}$ mm（2 处）	超差不得分	2×6		
8	圆弧面	*R*12 mm	超差不得分	6		
9		*SR*15 mm	超差不得分	6		
10	槽	4 mm×2 mm	超差不得分	8		
11	普通外螺纹	M28×2—6g	不合格不得分	10		
12	倒角	*C*2 mm	超差不得分	2		
13	几何公差	◎ | ϕ0.03 | *A*	超差不得分	5		
14	表面粗糙度	*Ra*1.6 μm（4 处）	降级不得分	4×1		
15		*Ra*3.2 μm（6 处）	降级不得分	6×1		
16	安全文明生产	严格遵守安全文明生产要求	违反一次扣 1 分，扣完为止	5		

九、中级工职业技能鉴定考核应会试题 9

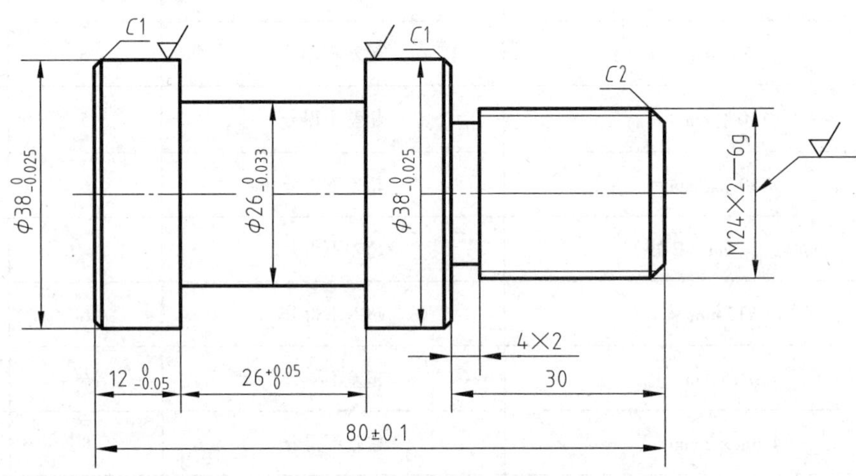

技术要求

1.去除毛刺。
2.未注尺寸公差按GB/T 1804—m。
3.不允许用砂纸或锉刀等工具修饰表面。

$\sqrt{}$ = $\sqrt{Ra\ 1.6}$

$\sqrt{Ra\ 3.2}$ ($\sqrt{}$)

材料	45	数量	1
坯料来源	棒料Φ40×85	工时	3h

评分表		考件名称	中级工应会试题 9	检测编号		总分	
序号	考核项目	考核内容		评分标准	配分	检测记录	得分
1	长度	30 mm		超差不得分	8		
2		$26^{+0.05}_{0}$ mm		超差不得分	12		
3		$12^{0}_{-0.05}$ mm		超差不得分	8		
4		（80 ± 0.1）mm		超差不得分	8		
5	直径	$\phi 38^{0}_{-0.025}$ mm（2 处）		超差不得分	2 × 7		
6		$\phi 26^{0}_{-0.033}$ mm		超差不得分	10		
7	槽	4 mm × 2 mm		超差不得分	8		
8	普通外螺纹	M24 × 2—6g		不合格不得分	10		
9	倒角	*C*1 mm（2 处）		超差不得分	2 × 2		
10		*C*2 mm		超差不得分	3		
11	表面粗糙度	*Ra*1.6 μm（3 处）		降级不得分	3 × 1		
12		*Ra*3.2 μm（7 处）		降级不得分	7 × 1		
13	安全文明生产	严格遵守安全文明生产要求		违反一次扣 1 分，扣完为止	5		

十、中级工职业技能鉴定考核应会试题 10

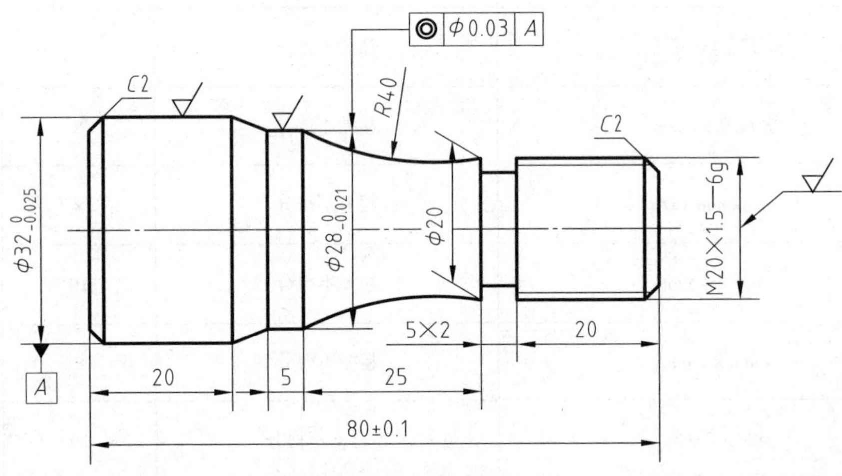

技术要求

1.去除毛刺。
2.未注尺寸公差按GB/T 180—m。
3.不允许用砂纸或锉刀等工具修饰表面。

$\sqrt{}$ = $\sqrt{Ra\ 1.6}$

$\sqrt{Ra\ 3.2}$ ($\sqrt{}$)

材料	45	数量	1
坯料来源	棒料Φ35×85	工时	3h

评分表		考件名称	中级工应会试题 10	检测编号		总分	
序号	考核项目	考核内容		评分标准	配分	检测记录	得分
1	长度	20 mm（2 处）		超差不得分	2×6		
2		5 mm		超差不得分	6		
3		25 mm		超差不得分	6		
4		（80±0.1）mm		超差不得分	6		
5	直径	ϕ20 mm		超差不得分	6		
6		$\phi 32_{-0.025}^{0}$ mm		超差不得分	7		
7		$\phi 28_{-0.021}^{0}$ mm		超差不得分	7		
8	圆弧面	*R*40 mm		超差不得分	6		
9	槽	5 mm×2 mm		超差不得分	8		
10	普通外螺纹	M20×1.5—6g		不合格不得分	10		
11	倒角	*C*2 mm（2 处）		超差不得分	2×2		
12	几何公差	◎ ϕ0.03 *A*		超差不得分	6		
13	表面粗糙度	*Ra*1.6 μm（3 处）		降级不得分	3×2		
14		*Ra*3.2 μm（5 处）		降级不得分	5×1		
15	安全文明生产	严格遵守安全文明生产要求		违反一次扣 1 分，扣完为止	5		

十一、中级工职业技能鉴定考核应会试题 11

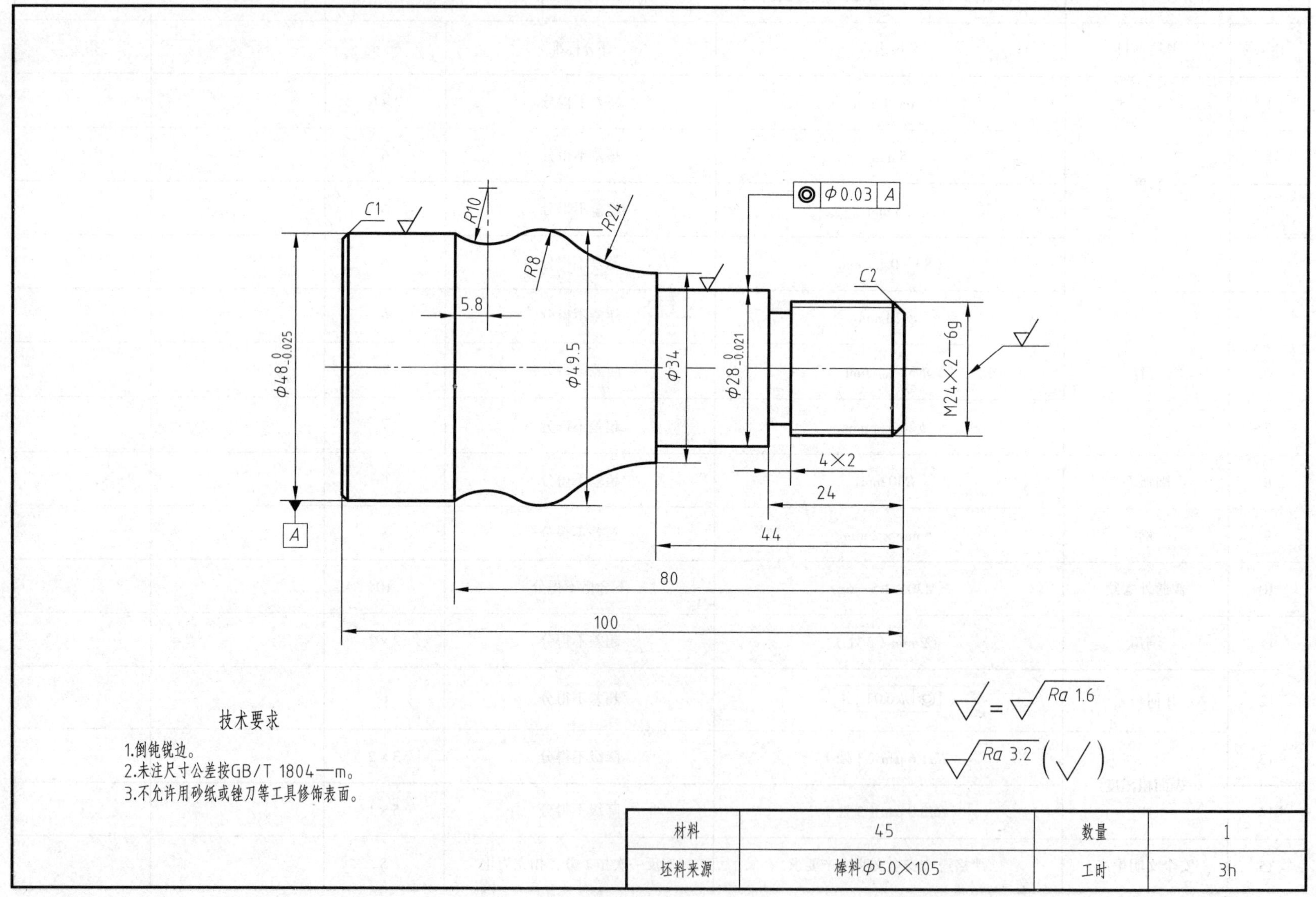

技术要求

1.倒钝锐边。
2.未注尺寸公差按GB/T 1804—m。
3.不允许用砂纸或锉刀等工具修饰表面。

材料	45	数量	1
坯料来源	棒料φ50×105	工时	3h

评分表		考件名称	中级工应会试题 11	检测编号		总分	
序号	考核项目	考核内容		评分标准	配分	检测记录	得分
1	长度	24 mm		超差不得分	5		
2		44 mm		超差不得分	5		
3		80 mm		超差不得分	5		
4		100 mm		超差不得分	5		
5	直径	ϕ34 mm		超差不得分	5		
6		ϕ49.5 mm		超差不得分	5		
7		$\phi 28_{-0.021}^{0}$ mm		超差不得分	6		
8		$\phi 48_{-0.025}^{0}$ mm		超差不得分	6		
9	圆弧面	R24 mm		超差不得分	6		
10		R8 mm		超差不得分	6		
11		R10 mm		超差不得分	6		
12	槽	4 mm × 2 mm		超差不得分	6		
13	普通外螺纹	M24 × 2—6g		不合格不得分	8		
14	倒角	C1 mm		超差不得分	2		
15		C2 mm		超差不得分	2		
16	几何公差	◎ | ϕ0.03 | A		超差不得分	5		
17	表面粗糙度	Ra1.6 μm（3 处）		降级不得分	3 × 2		
18		Ra3.2 μm（6 处）		降级不得分	6 × 1		
19	安全文明生产	严格遵守安全文明生产要求		违反一次扣 1 分，扣完为止	5		

十二、中级工职业技能鉴定考核应会试题 12

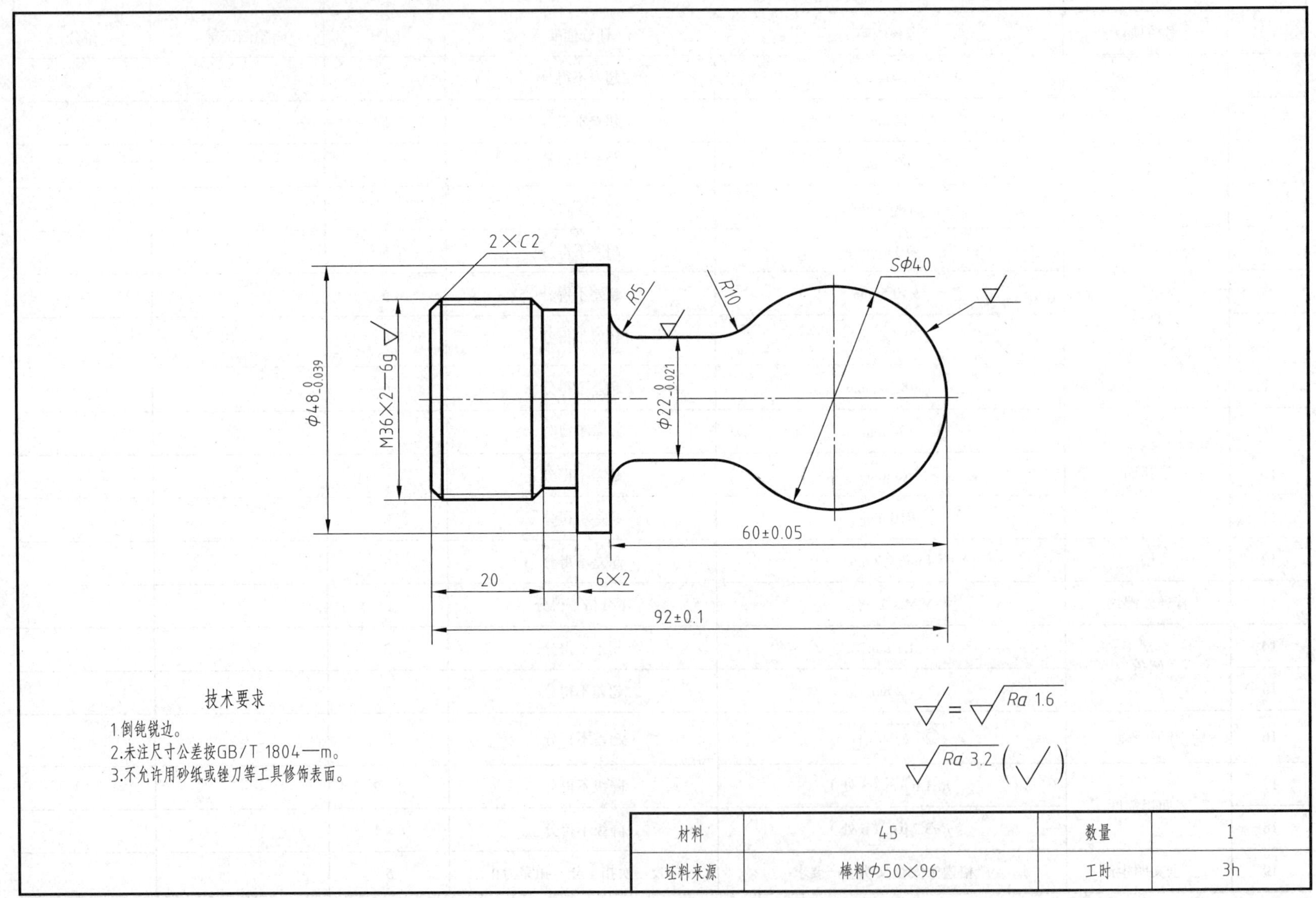

材料	45	数量	1
坯料来源	棒料Φ50×96	工时	3h

评分表		考件名称	中级工应会试题 12	检测编号		总分	

序号	考核项目	考核内容	评分标准	配分	检测记录	得分
1	长度	20 mm	超差不得分	6		
2		（60 ± 0.05）mm	超差不得分	6		
3		（92 ± 0.1）mm	超差不得分	6		
4	直径	$\phi 22_{-0.021}^{0}$ mm	超差不得分	7		
5		$\phi 48_{-0.039}^{0}$ mm	超差不得分	6		
6	圆弧面	$S\phi 40$ mm	超差不得分	12		
7		$R5$ mm	超差不得分	8		
8		$R10$ mm	超差不得分	8		
9	槽	6 mm × 2 mm	超差不得分	8		
10	普通外螺纹	M36 × 2—6g	不合格不得分	12		
11	倒角	$C2$ mm（2 处）	超差不得分	2 × 2		
12	表面粗糙度	$Ra1.6$ μm（3 处）	降级不得分	3 × 2		
13		$Ra3.2$ μm（6 处）	降级不得分	6 × 1		
14	安全文明生产	严格遵守安全文明生产要求	违反一次扣 1 分，扣完为止	5		

十三、中级工职业技能鉴定考核应会试题 13

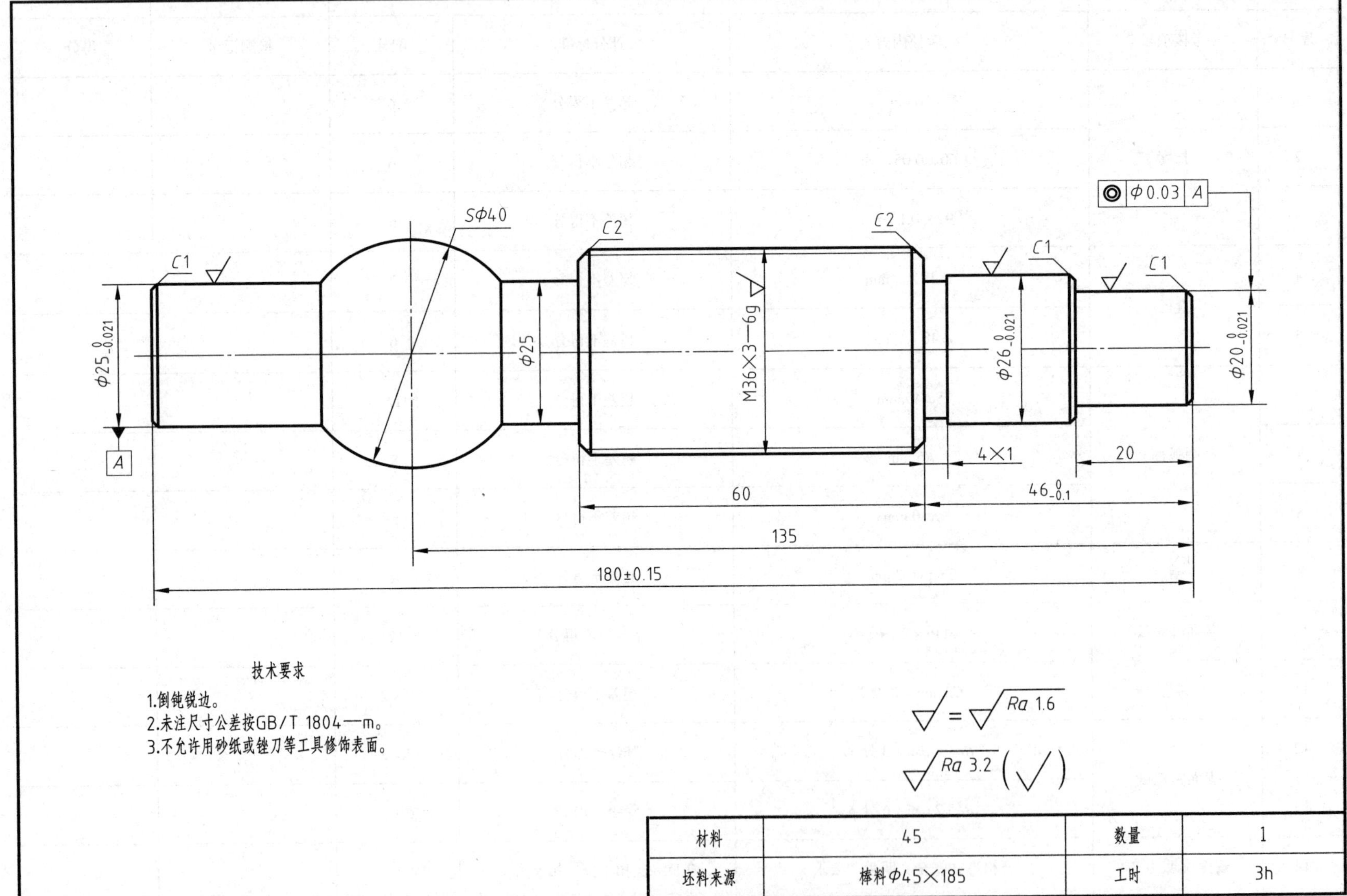

评分表		考件名称	中级工应会试题 13	检测编号	总分	
序号	考核项目	考核内容	评分标准	配分	检测记录	得分
1	长度	20 mm	超差不得分	5		
2		$46_{-0.1}^{0}$ mm	超差不得分	6		
3		60 mm	超差不得分	5		
4		135 mm	超差不得分	5		
5		（180 ± 0.15）mm	超差不得分	6		
6	直径	$\phi 25$ mm	超差不得分	6		
7		$\phi 25_{-0.021}^{0}$ mm	超差不得分	6		
8		$\phi 26_{-0.021}^{0}$ mm	超差不得分	6		
9		$\phi 20_{-0.021}^{0}$ mm	超差不得分	6		
10	圆球面	$S\phi 40$ mm	超差不得分	8		
11	槽	4 mm × 1 mm	超差不得分	6		
12	普通外螺纹	M36 × 3—6g	不合格不得分	8		
13	倒角	*C*1 mm（3 处）	超差不得分	3 × 1		
14		*C*2 mm（2 处）	超差不得分	2 × 1		
15	几何公差	◎ | ϕ0.03 | *A*	超差不得分	5		
16	表面粗糙度	*Ra*1.6 μm（4 处）	降级不得分	4 × 1		
17		*Ra*3.2μm（8 处）	降级不得分	8 × 1		
18	安全文明生产	严格遵守安全文明生产要求	违反一次扣 1 分，扣完为止	5		

十四、中级工职业技能鉴定考核应会试题 14

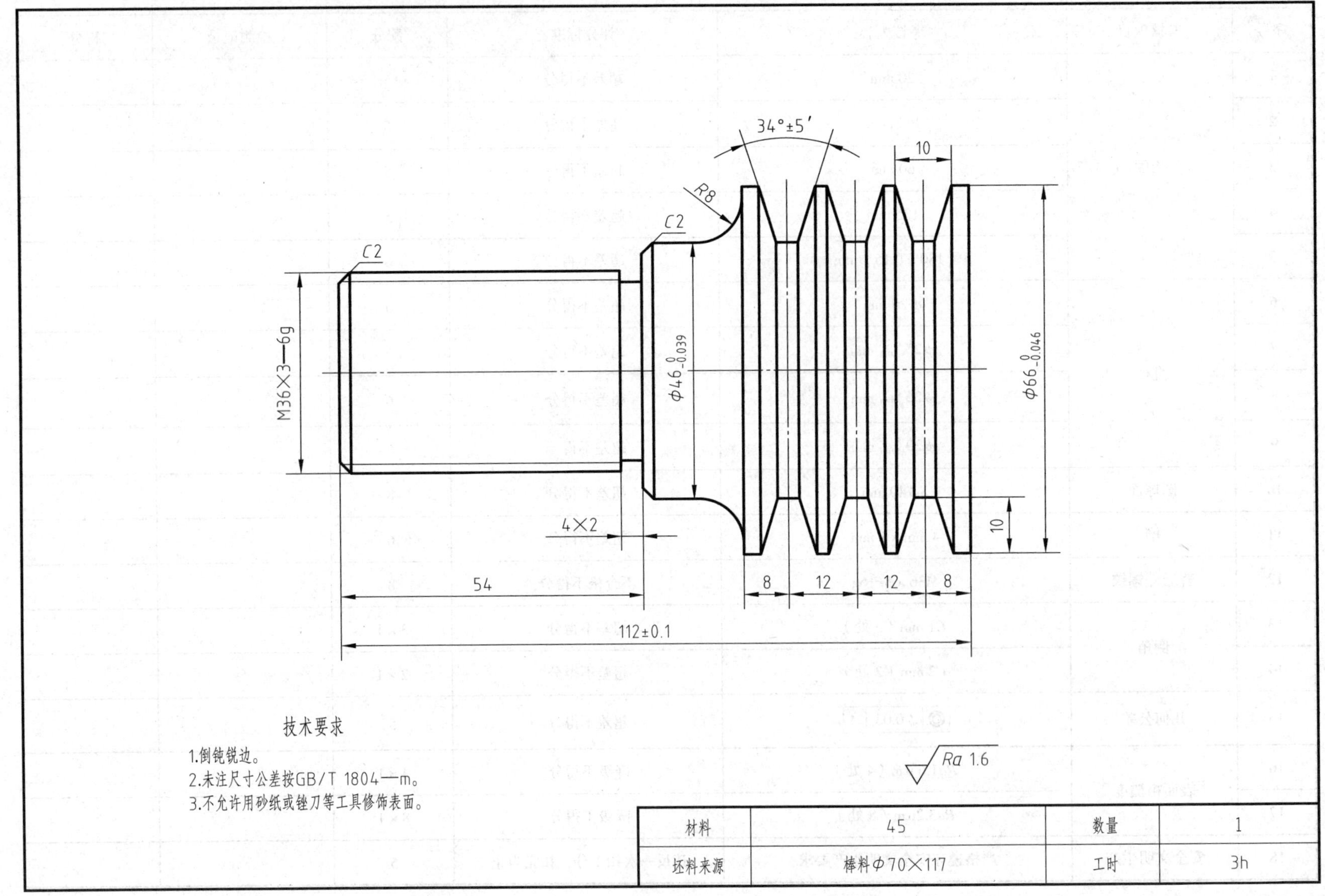

技术要求

1.倒钝锐边。
2.未注尺寸公差按GB/T 1804—m。
3.不允许用砂纸或锉刀等工具修饰表面。

材料	45	数量	1
坯料来源	棒料ϕ70×117	工时	3h

评分表		考件名称	中级工应会试题 14	检测编号		总分	
序号	考核项目	考核内容		评分标准	配分	检测记录	得分
1	长度	8 mm（2 处）		超差不得分	2×5		
2		12 mm（2 处）		超差不得分	2×5		
3		54 mm		超差不得分	5		
4		（112±0.1）mm		超差不得分	6		
5	V 形槽	槽深：10 mm（3 处）		超差不得分	3×2		
6		槽顶宽：10 mm（3 处）		超差不得分	3×2		
7		夹角：34°±5′（3 处）		超差不得分	3×2		
8	直径	$\phi 46_{-0.039}^{0}$ mm		超差不得分	6		
9		$\phi 66_{-0.046}^{0}$ mm		超差不得分	6		
10	圆弧面	*R*8 mm		超差不得分	6		
11	槽	4 mm×2 mm		超差不得分	6		
12	普通外螺纹	M36×3—6g		不合格不得分	8		
13	倒角	*C*2 mm（2 处）		超差不得分	2×2		
14	表面粗糙度	*Ra*1.6 μm（20 处）		降级不得分	20×0.5		
15	安全文明生产	严格遵守安全文明生产要求		违反一次扣 1 分，扣完为止	5		

十五、中级工职业技能鉴定考核应会试题 15

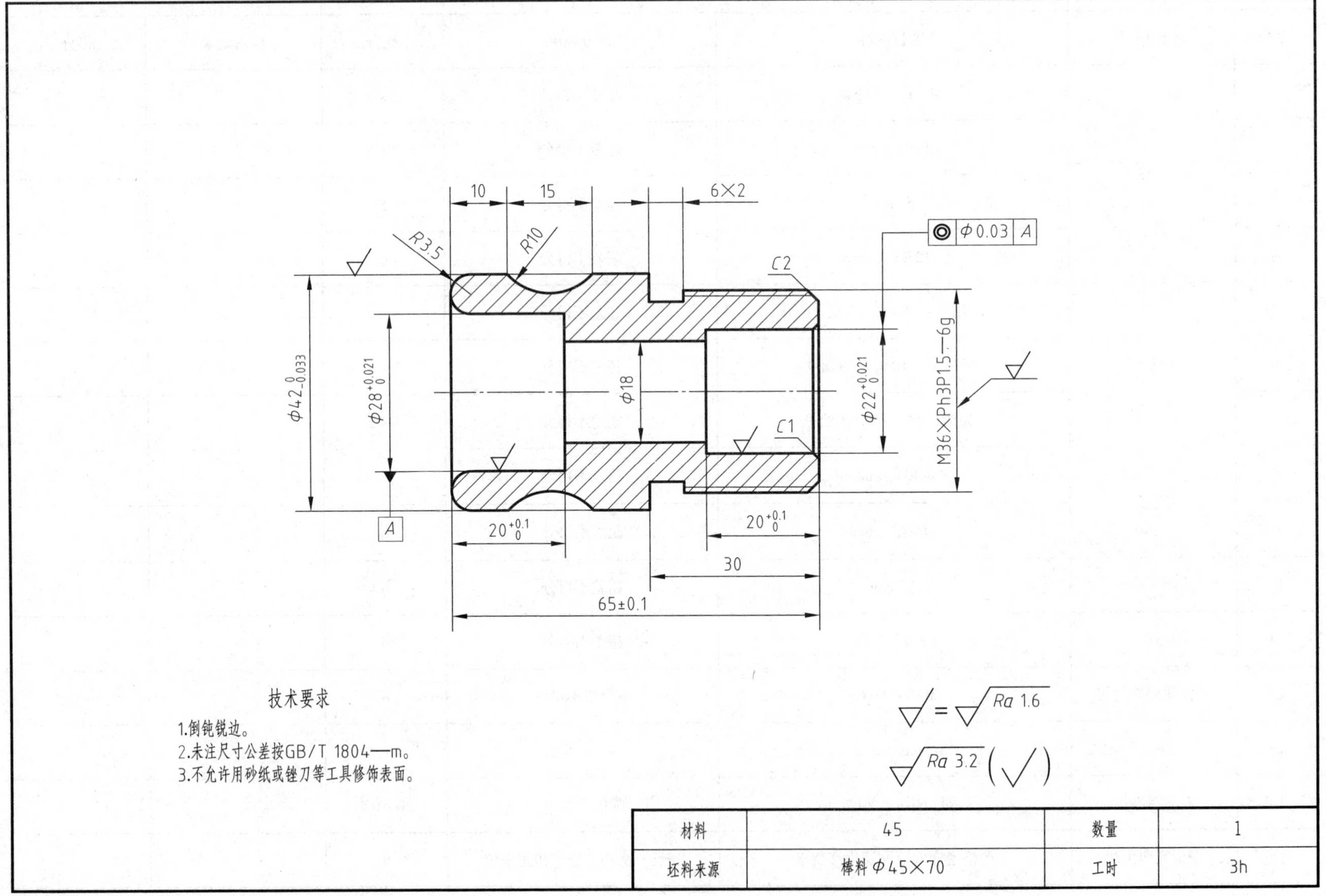

技术要求

1.倒钝锐边。
2.未注尺寸公差按GB/T 1804—m。
3.不允许用砂纸或锉刀等工具修饰表面。

材料	45	数量	1
坯料来源	棒料 Φ45×70	工时	3h

评分表		考件名称	中级工应会试题 15	检测编号		总分	
序号	考核项目	考核内容		评分标准	配分	检测记录	得分
1	长度	10 mm		超差不得分	5		
2		15 mm		超差不得分	5		
3		$20^{+0.1}_{0}$ mm（2 处）		超差不得分	2 × 5		
4		30 mm		超差不得分	5		
5		（65 ± 0.1）mm		超差不得分	5		
6	直径	ϕ18 mm		超差不得分	5		
7		$\phi 28^{+0.021}_{0}$ mm		超差不得分	5		
8		$\phi 22^{+0.021}_{0}$ mm		超差不得分	5		
9		$\phi 42^{0}_{-0.033}$ mm		超差不得分	5		
10	圆弧	R10 mm		超差不得分	5		
11		R3.5 mm		超差不得分	5		
12	槽	6 mm × 2 mm		超差不得分	5		
13	多线普通外螺纹	M36 × Ph3P1.5—6g		不合格不得分	8		
14	倒角	C1 mm		超差不得分	3 × 1		
15		C2 mm		超差不得分	2 × 1		
16	几何公差	◎ ϕ0.03 A		超差不得分	5		
17	表面粗糙度	Ra1.6 μm（5 处）		降级不得分	5 × 1		
18		Ra3.2 μm（7 处）		降级不得分	7 × 1		
19	安全文明生产	严格遵守安全文明生产要求		违反一次扣 1 分，扣完为止	5		

十六、高级工职业技能鉴定考核应会试题 1

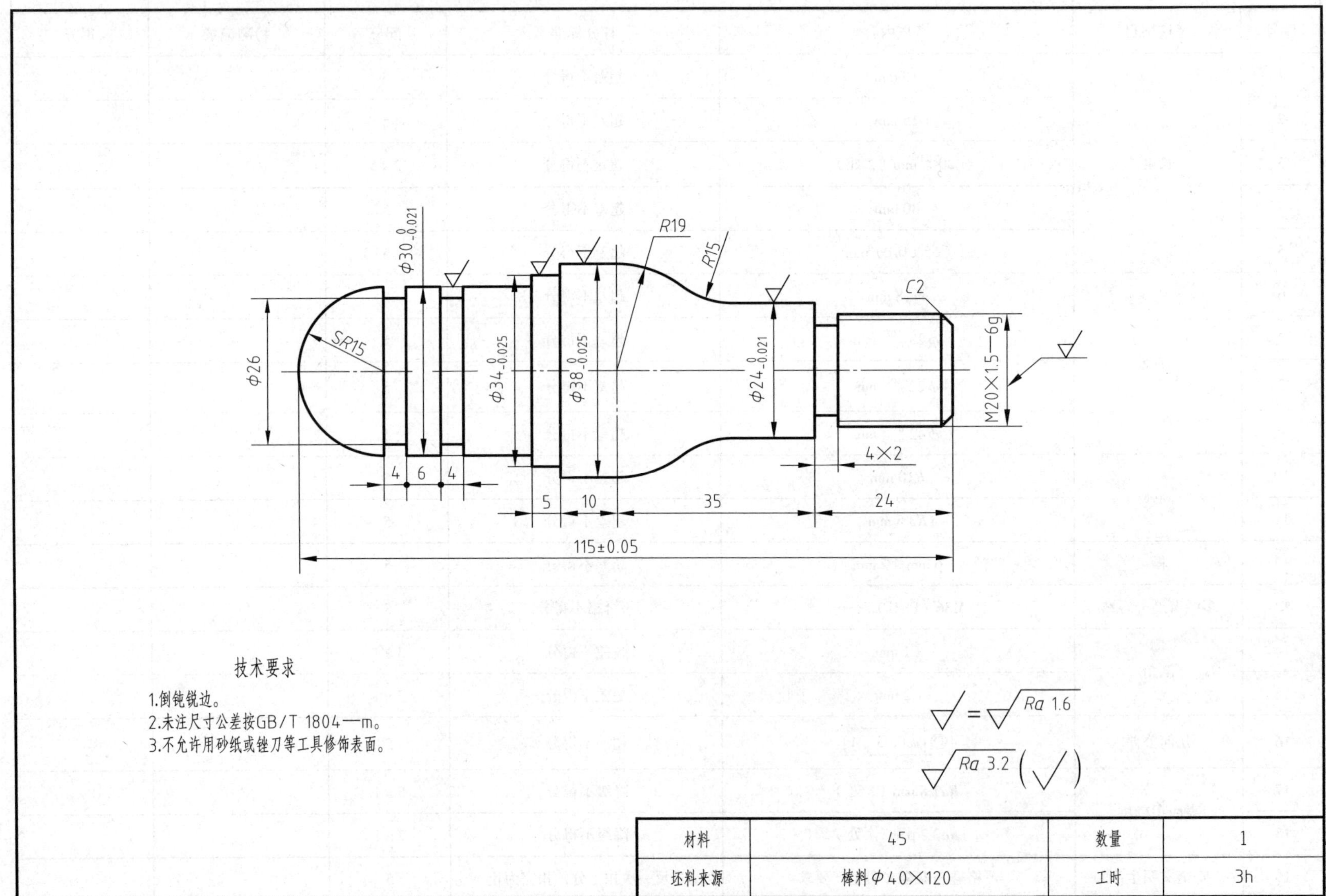

材料	45	数量	1
坯料来源	棒料φ40×120	工时	3h

评分表	考件名称	高级工应会试题 1	检测编号		总分	
序号	考核项目	考核内容	评分标准	配分	检测记录	得分
1	长度	6 mm	超差不得分	4		
2		5 mm	超差不得分	4		
3		10 mm	超差不得分	4		
4		35 mm	超差不得分	4		
5		24 mm	超差不得分	4		
6		（115 ± 0.05）mm	超差不得分	5		
7	直径	$\phi 24_{-0.021}^{0}$ mm	超差不得分	4		
8		$\phi 38_{-0.025}^{0}$ mm	超差不得分	4		
9		$\phi 34_{-0.025}^{0}$ mm	超差不得分	4		
10		$\phi 30_{-0.021}^{0}$ mm（2 处）	超差不得分	2 × 4		
11	圆弧	*R*15 mm	超差不得分	5		
12		*R*19 mm	超差不得分	5		
13		*SR*15 mm	超差不得分	5		
14	槽	4 mm × 2 mm	超差不得分	4		
15		4 mm × ϕ 26 mm（2 处）	超差不得分	2 × 4		
16	普通外螺纹	M20 × 1.5—6g	不合格不得分	8		
17	倒角	*C*2 mm	超差不得分	2		
18	表面粗糙度	*Ra*1.6 μm（6 处）	降级不得分	6 × 1		
19		*Ra*3.2 μm（7 处）	降级不得分	7 × 1		
20	安全文明生产	严格遵守安全文明生产要求	违反一次扣 1 分，扣完为止	5		

十七、高级工职业技能鉴定考核应会试题 2

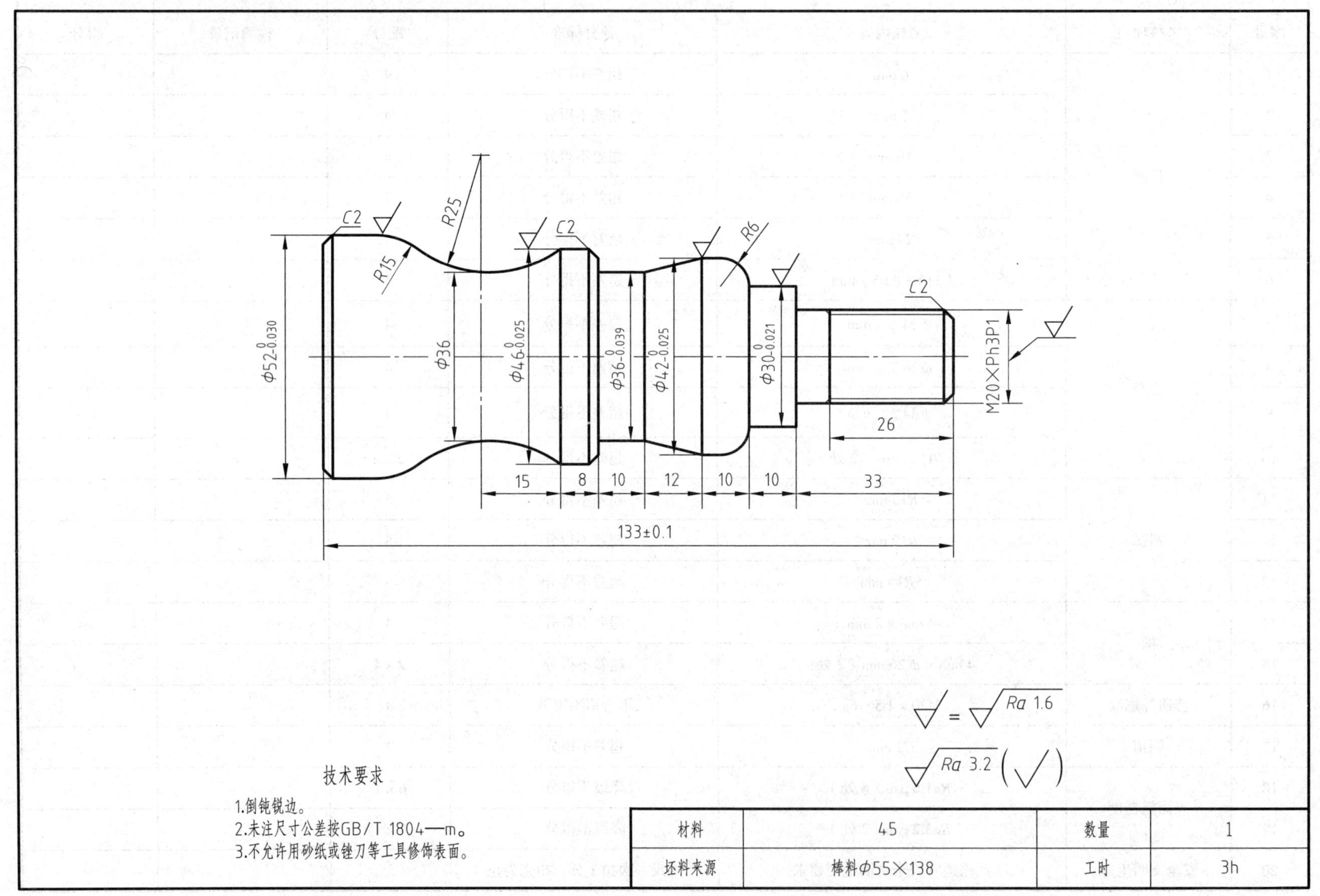

技术要求

1.倒钝锐边。
2.未注尺寸公差按GB/T 1804—m。
3.不允许用砂纸或锉刀等工具修饰表面。

材料	45	数量	1
坯料来源	棒料φ55×138	工时	3h

评分表		考件名称	高级工应会试题 2	检测编号		总分
序号	考核项目	考核内容	评分标准	配分	检测记录	得分
1	长度	26 mm	超差不得分	3		
2		33 mm	超差不得分	3		
3		10 mm（3 处）	超差不得分	3 × 3		
4		12 mm	超差不得分	3		
5		8 mm	超差不得分	3		
6		15 mm	超差不得分	3		
7		（133 ± 0.1）mm	超差不得分	5		
8	直径	$\phi 30_{-0.021}^{0}$ mm	超差不得分	5		
9		$\phi 42_{-0.025}^{0}$ mm	超差不得分	5		
10		$\phi 36_{-0.039}^{0}$ mm	超差不得分	4		
11		$\phi 46_{-0.025}^{0}$ mm	超差不得分	5		
12		$\phi 36$ mm	超差不得分	4		
13		$\phi 52_{-0.030}^{0}$ mm	超差不得分	5		
14	圆弧	$R6$ mm	超差不得分	4		
15		$R25$ mm	超差不得分	5		
16		$R15$ mm	超差不得分	5		
17	多线普通外螺纹	M20 × Ph3P1	不合格不得分	8		
18	倒角	$C2$ mm（3 处）	超差不得分	3 × 1		
19	表面粗糙度	$Ra1.6$ μm（5 处）	降级不得分	5 × 1		
20		$Ra3.2$ μm（8 处）	降级不得分	8 × 1		
21	安全文明生产	严格遵守安全文明生产要求	违反一次扣 1 分，扣完为止	5		

十八、高级工职业技能鉴定考核应会试题 3

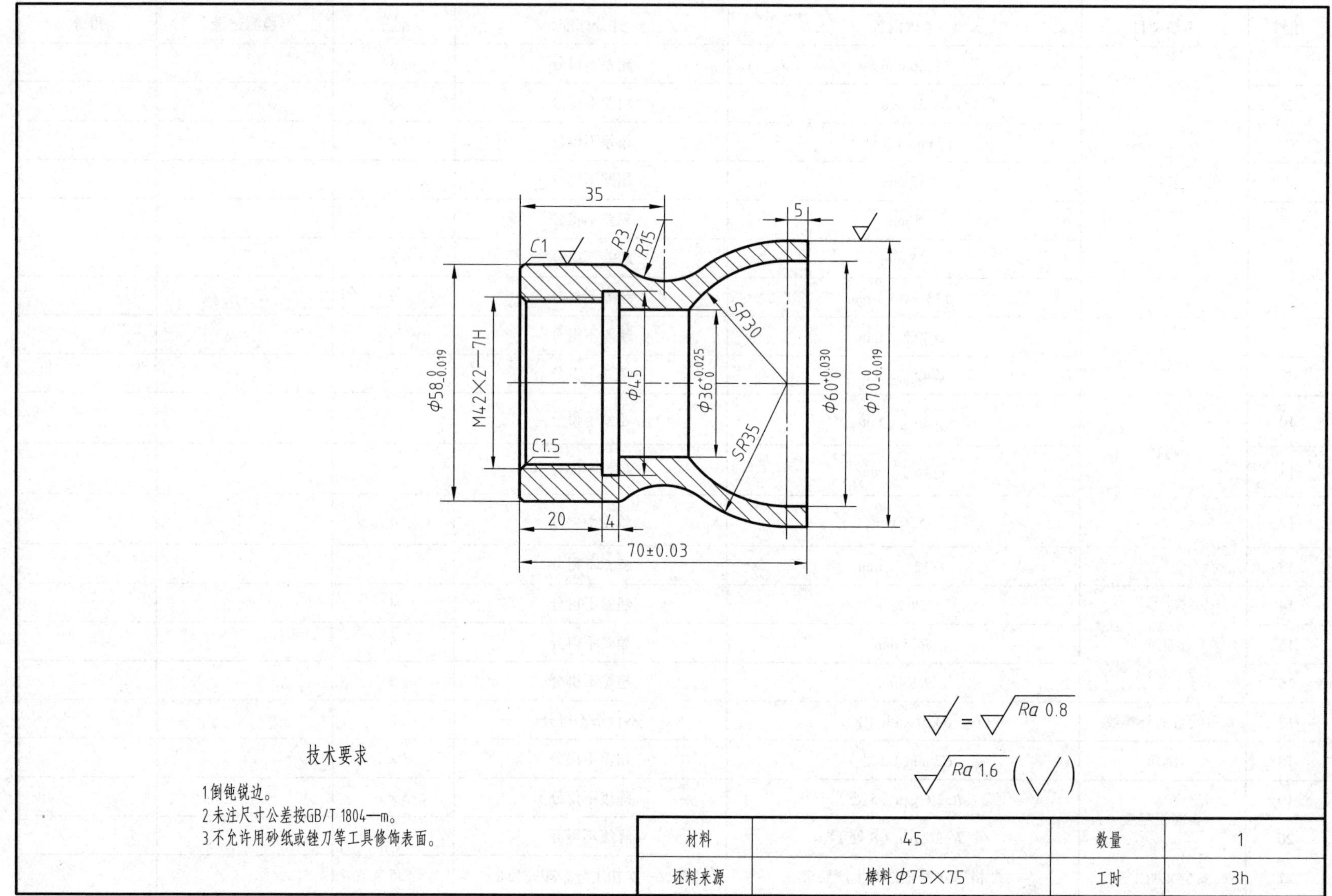

技术要求

1.倒钝锐边。
2.未注尺寸公差按GB/T 1804—m。
3.不允许用砂纸或锉刀等工具修饰表面。

材料	45	数量	1
坯料来源	棒料 φ75×75	工时	3h

评分表		考件名称	高级工应会试题 3	检测编号	总分	
序号	考核项目	考核内容	评分标准	配分	检测记录	得分
1	长度	5 mm	超差不得分	5		
2		35 mm	超差不得分	5		
3		20 mm	超差不得分	5		
4		（70 ± 0.03）mm	超差不得分	5		
5	直径	$\phi 70_{-0.019}^{0}$ mm	超差不得分	6		
6		$\phi 58_{-0.019}^{0}$ mm	超差不得分	6		
7		$\phi 60_{0}^{+0.030}$ mm	超差不得分	6		
8		$\phi 36_{0}^{+0.025}$ mm	超差不得分	6		
9	圆弧	*SR*35 mm	超差不得分	6		
10		*SR*30 mm	超差不得分	6		
11		*R*15 mm	超差不得分	5		
12		*R*3 mm	超差不得分	5		
13	内槽	4 mm × ϕ 45 mm	超差不得分	6		
14	普通内螺纹	M42 × 2—7H	不合格不得分	8		
15	倒角	*C*1 mm	超差不得分	2		
16		*C*1.5 mm	超差不得分	2		
17	表面粗糙度	*Ra*0.8 μm（2 处）	降级不得分	2 × 1		
18		*Ra*1.6 μm（9 处）	降级不得分	9 × 1		
19	安全文明生产	严格遵守安全文明生产要求	违反一次扣 1 分，扣完为止	5		

十九、高级工职业技能鉴定考核应会试题 4

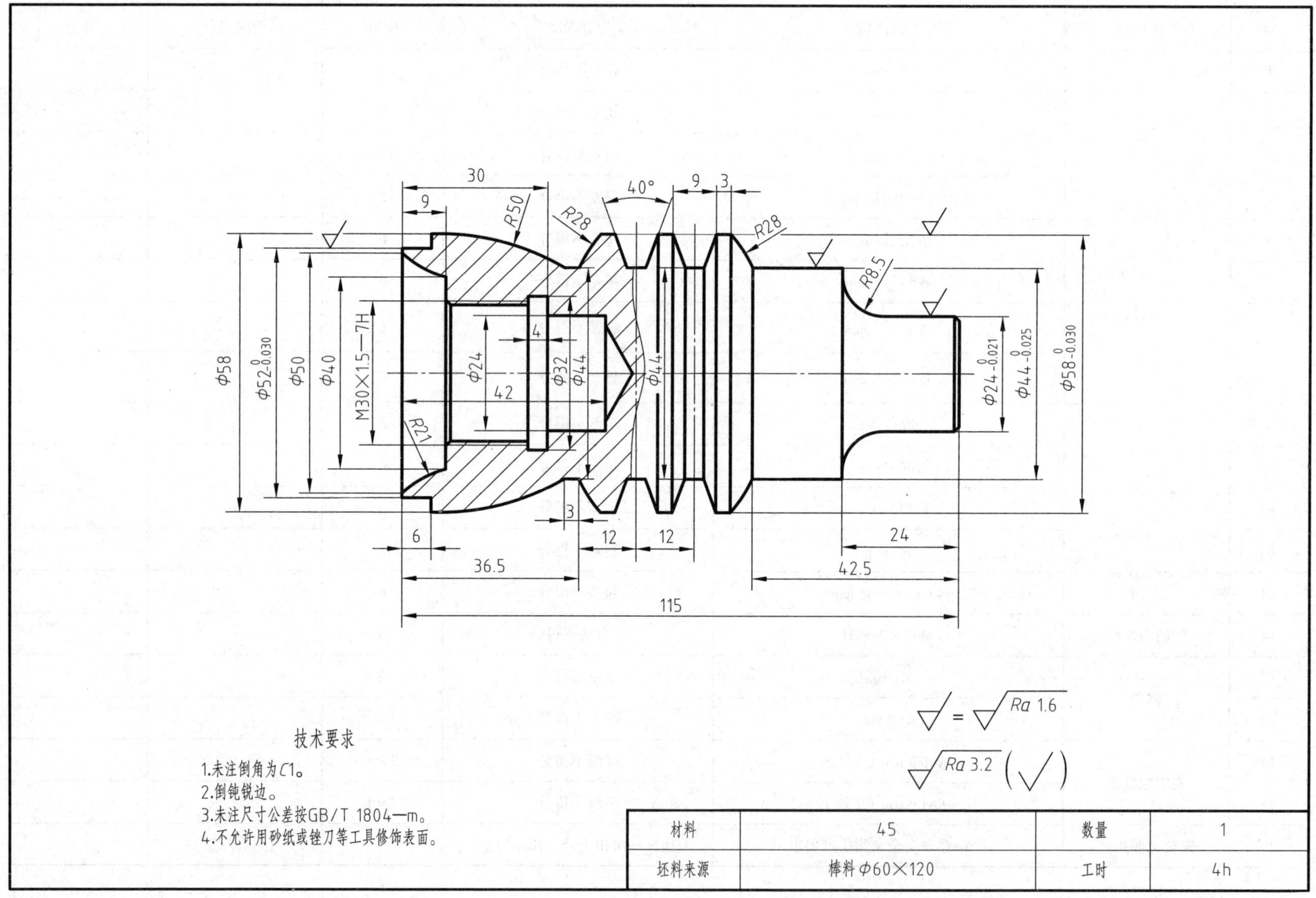

技术要求

1.未注倒角为C1。
2.倒钝锐边。
3.未注尺寸公差按GB/T 1804—m。
4.不允许用砂纸或锉刀等工具修饰表面。

材料	45	数量	1
坯料来源	棒料Φ60×120	工时	4h

评分表		考件名称	高级工应会试题 4	检测编号		总分	
序号	考核项目	考核内容	评分标准	配分	检测记录	得分	
1	长度	9 mm	超差不得分	2			
2		30 mm	超差不得分	2			
3		42 mm	超差不得分	2			
4		6 mm	超差不得分	2			
5		36.5 mm	超差不得分	2			
6		3 mm	超差不得分	2			
7		12 mm（2 处）	超差不得分	2×2			
8		42.5 mm	超差不得分	2			
9		24 mm	超差不得分	3			
10		115 mm	超差不得分	3			
11	直径	$\phi 24_{-0.021}^{0}$ mm	超差不得分	3			
12		$\phi 44_{-0.025}^{0}$ mm	超差不得分	3			
13		$\phi 58_{-0.030}^{0}$ mm	超差不得分	3			
14		$\phi 44$ mm	超差不得分	2			
15		$\phi 58$ mm	超差不得分	2			
16		$\phi 52_{-0.030}^{0}$ mm	超差不得分	3			
17		$\phi 50$ mm	超差不得分	2			
18		$\phi 40$ mm	超差不得分	2			
19		$\phi 24$ mm	超差不得分	2			

续表

评分表		考件名称	高级工应会试题 4	检测编号		总分	
序号	考核项目	考核内容		评分标准	配分	检测记录	得分
20	圆弧	*R*8.5 mm		超差不得分	2		
21		*R*28 mm（2 处）		超差不得分	2×2		
22		*R*50 mm		超差不得分	4		
23		*R*21 mm		超差不得分	3		
24	内槽	4 mm × *ϕ* 32 mm		超差不得分	4		
25	V 形槽	槽顶宽：9 mm（2 处）		超差不得分	2×2		
26		槽底直径：*ϕ* 44 mm（2 处）		超差不得分	2×2		
27		夹角：40°（2 处）		超差不得分	2×2		
28	普通内螺纹	M30×1.5—7H		不合格不得分	4		
29	倒角	*C*1 mm（2 处）		超差不得分	2×1		
30	表面粗糙度	*Ra*1.6 μm（6 处）		降级不得分	6×1		
31		*Ra*3.2 μm（16 处）		降级不得分	16×0.5		
32	安全文明生产	严格遵守安全文明生产要求		违反一次扣 1 分，扣完为止	5		

二十、高级工职业技能鉴定考核应会试题 5

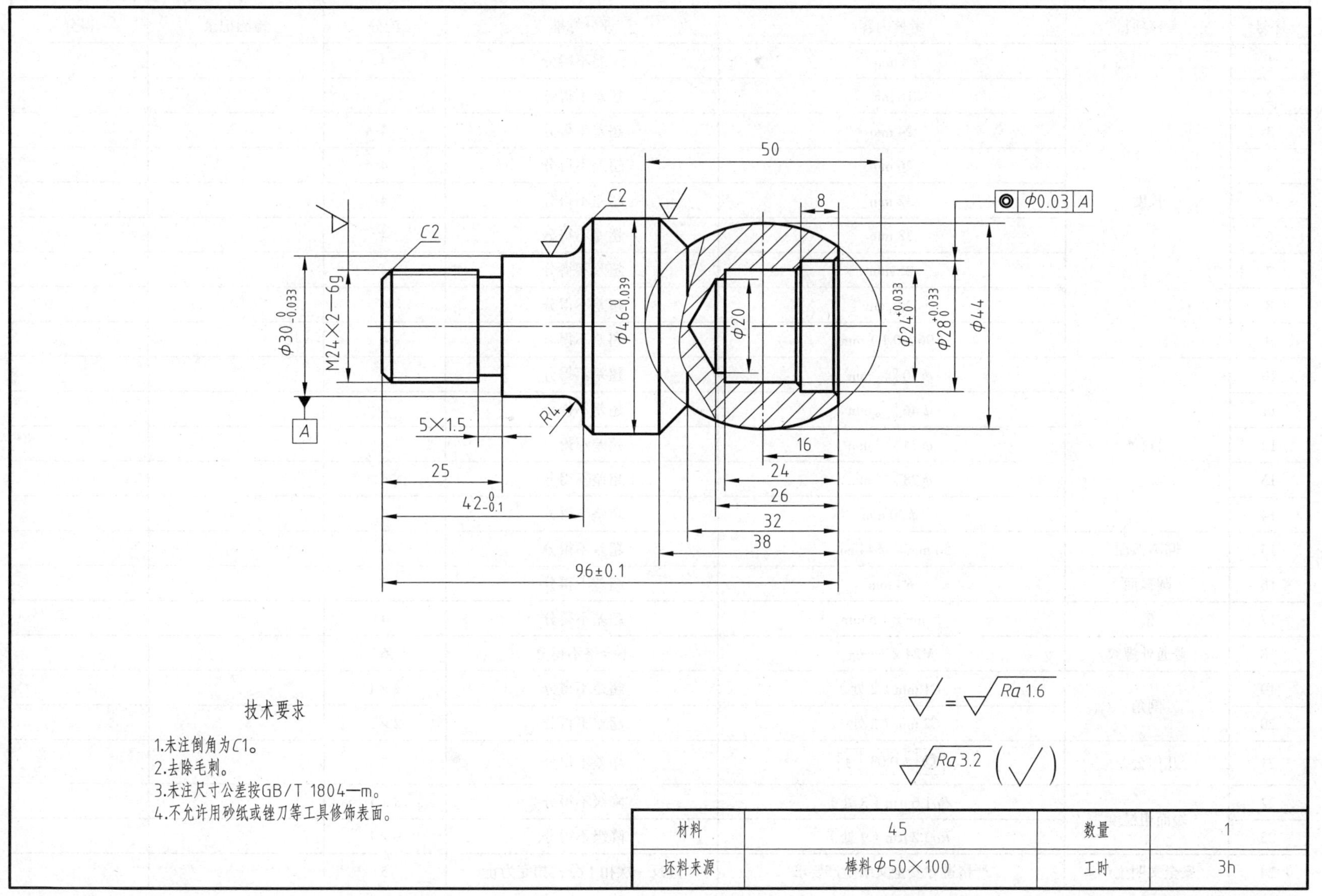

评分表		考件名称	高级工应会试题 5	检测编号		总分	

序号	考核项目	考核内容	评分标准	配分	检测记录	得分
1	长度	8 mm	超差不得分	4		
2		16 mm	超差不得分	3		
3		24 mm	超差不得分	4		
4		26 mm	超差不得分	4		
5		32 mm	超差不得分	4		
6		38 mm	超差不得分	4		
7		25 mm	超差不得分	4		
8		$42_{-0.1}^{0}$ mm	超差不得分	4		
9		（96 ± 0.1）mm	超差不得分	4		
10	直径	$\phi 30_{-0.033}^{0}$ mm	超差不得分	4		
11		$\phi 46_{-0.039}^{0}$ mm	超差不得分	4		
12		$\phi 24_{0}^{+0.033}$ mm	超差不得分	4		
13		$\phi 28_{0}^{+0.033}$ mm	超差不得分	4		
14		$\phi 20$ mm	超差不得分	4		
15	椭圆弧面	50 mm × ϕ44 mm	超差不得分	7		
16	圆弧面	R4 mm	超差不得分	2		
17	槽	5 mm × 1.5 mm	超差不得分	4		
18	普通外螺纹	M24 × 2—6g	不合格不得分	6		
19	倒角	C1 mm（2 处）	超差不得分	2 × 1		
20		C2 mm（2 处）	超差不得分	2 × 1		
21	几何公差	◎ | ϕ0.03 | A	超差不得分	5		
22	表面粗糙度	Ra1.6 μm（3 处）	降级不得分	3 × 1		
23		Ra3.2 μm（9 处）	降级不得分	9 × 1		
24	安全文明生产	严格遵守安全文明生产要求	违反一次扣 1 分，扣完为止	5		

二十一、高级工职业技能鉴定考核应会试题 6

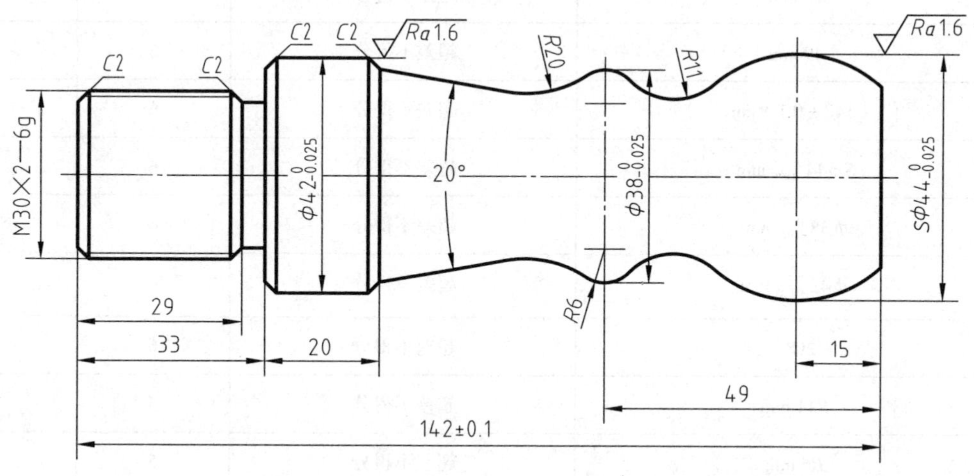

技术要求

1.未注尺寸公差按GB/T 1804—m。
2.不允许用砂纸或锉刀等工具修饰表面。

Ra 3.2 (√)

材料	45	数量	1
坯料来源	棒料 ϕ45×147	工时	4h

评分表		考件名称	高级工应会试题 6	检测编号		总分	
序号	考核项目	考核内容		评分标准	配分	检测记录	得分
1	长度	29 mm		超差不得分	5		
2		33 mm		超差不得分	5		
3		20 mm		超差不得分	5		
4		15 mm		超差不得分	5		
5		49 mm		超差不得分	5		
6		（142 ± 0.1）mm		超差不得分	6		
7	直径	$S\phi 44_{-0.025}^{0}$ mm		超差不得分	6		
8		$\phi 38_{-0.025}^{0}$ mm		超差不得分	6		
9		$\phi 42_{-0.025}^{0}$ mm		超差不得分	6		
10	锥度	20°		超差不得分	6		
11	圆弧	*R*11 mm		超差不得分	5		
12		*R*6 mm		超差不得分	5		
13		*R*20 mm		超差不得分	5		
14	普通外螺纹	M30 × 2—6g		不合格不得分	8		
15	倒角	*C*2 mm（4 处）		超差不得分	4 × 1		
16	表面粗糙度	*Ra*1.6 μm（2 处）		降级不得分	2 × 2		
17		*Ra*3.2 μm（9 处）		降级不得分	9 × 1		
18	安全文明生产	严格遵守安全文明生产要求		违反一次扣 1 分，扣完为止	5		

二十二、高级工职业技能鉴定考核应会试题 7

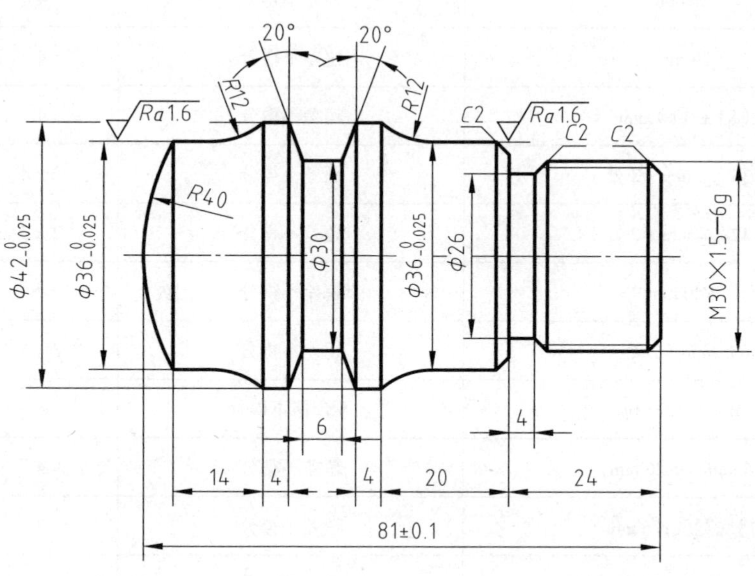

$\sqrt{Ra\ 3.2}$ ($\sqrt{}$)

技术要求

1.未注尺寸公差按GB/T 1804—m。

2.不允许用砂纸或锉刀等工具修饰表面。

材料	45	数量	1
坯料来源	棒料 ϕ45×85	工时	3h

评分表		考件名称	高级工应会试题 7	检测编号	总分	
序号	考核项目	考核内容	评分标准	配分	检测记录	得分
1	长度	14 mm	超差不得分	4		
2		4 mm（2 处）	超差不得分	2 × 4		
3		20 mm	超差不得分	4		
4		24 mm	超差不得分	4		
5		（81 ± 0.1）mm	超差不得分	4		
6	直径	$\phi 36_{-0.025}^{\ 0}$ mm（2 处）	超差不得分	2 × 4		
7		$\phi 42_{-0.025}^{\ 0}$ mm（2 处）	超差不得分	2 × 2		
8	圆弧	*R*40 mm	超差不得分	4		
9		*R*12 mm（2 处）	超差不得分	2 × 5		
10	普通外螺纹	M30 × 1.5—6g	不合格不得分	8		
11	槽	4 mm × ϕ 26 mm	超差不得分	4		
12	V 形槽	槽底宽度：6 mm	超差不得分	3		
13		槽底直径：ϕ 30 mm	超差不得分	3		
14		角度：20°（2 处）	超差不得分	2 × 3		
15	倒角	*C*2 mm（3 处）	超差不得分	3 × 2		
16	表面粗糙度	*Ra*1.6 μm（2 处）	降级不得分	2 × 2		
17		*Ra*3.2 μm（11 处）	降级不得分	11 × 1		
18	安全文明生产	严格遵守安全文明生产要求	违反一次扣 1 分，扣完为止	5		

二十三、高级工职业技能鉴定考核应会试题 8

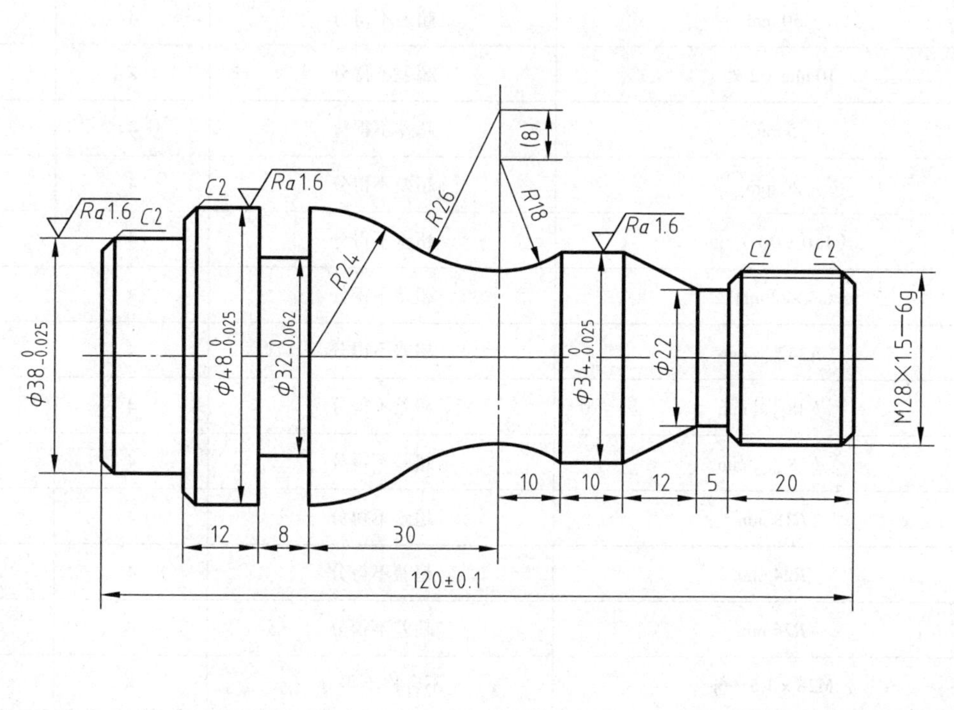

Ra 3.2 (√)

技术要求

1.未注尺寸公差按GB/T 1804—m。

2.不允许用砂纸或锉刀等工具修饰表面。

材料	45	数量	1
坯料来源	棒料 φ50×125	工时	4h

评分表		考件名称	高级工应会试题 8	检测编号		总分	
序号	考核项目	考核内容		评分标准	配分	检测记录	得分
1	长度	12 mm（2 处）		超差不得分	2 × 4		
2		30 mm		超差不得分	4		
3		10 mm（2 处）		超差不得分	2 × 4		
4		5 mm		超差不得分	4		
5		20 mm		超差不得分	4		
6		（120 ± 0.1）mm		超差不得分	4		
7	直径	ϕ 22 mm		超差不得分	4		
8		$\phi 34_{-0.025}^{0}$ mm		超差不得分	4		
9		$\phi 48_{-0.025}^{0}$ mm		超差不得分	4		
10		$\phi 38_{-0.025}^{0}$ mm		超差不得分	4		
11	圆弧	R18 mm		超差不得分	4		
12		R24 mm		超差不得分	4		
13		R26 mm		超差不得分	4		
14	普通外螺纹	M28 × 1.5—6g		不合格不得分	8		
15	槽	8 mm × $\phi 32_{-0.062}^{0}$ mm		超差不得分	5		
16	倒角	C2 mm（4 处）		超差不得分	4 × 1		
17	表面粗糙度	Ra1.6 μm（3 处）		降级不得分	3 × 2		
18		Ra3.2 μm（12 处）		降级不得分	12 × 1		
19	安全文明生产	严格遵守安全文明生产要求		违反一次扣 1 分，扣完为止	5		

二十四、高级工职业技能鉴定考核应会试题 9

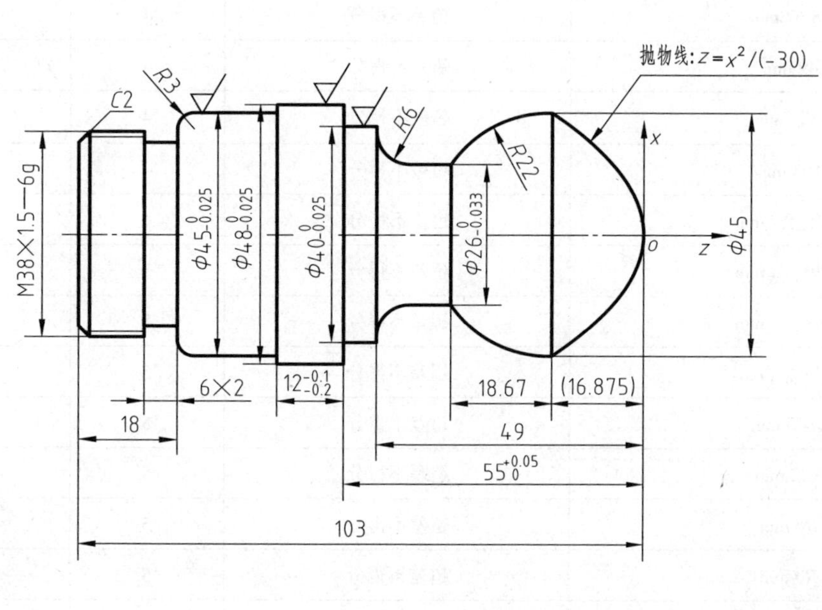

= Ra 1.6

Ra 3.2 (√)

技术要求

1.倒钝锐边。

2.未注尺寸公差按GB/T 1804—m。

3.不允许用砂纸或锉刀等工具修饰表面。

材料	45	数量	1
坯料来源	棒料ϕ50×108	工时	4h

评分表		考件名称	高级工应会试题 9	检测编号		总分	
序号	考核项目	考核内容		评分标准	配分	检测记录	得分
1	长度	18 mm		超差不得分	4		
2		$12_{-0.2}^{-0.1}$ mm		超差不得分	4		
3		18.67 mm		超差不得分	4		
4		49 mm		超差不得分	4		
5		$55_{0}^{+0.05}$ mm		超差不得分	4		
6		103 mm		超差不得分	4		
7	直径	$\phi 26_{-0.033}^{0}$ mm		超差不得分	4		
8		$\phi 40_{-0.025}^{0}$ mm		超差不得分	5		
9		$\phi 48_{-0.025}^{0}$ mm		超差不得分	5		
10		$\phi 45_{-0.025}^{0}$ mm		超差不得分	5		
11		ϕ45 mm		超差不得分	5		
12	圆弧	R22 mm		超差不得分	5		
13		R6 mm		超差不得分	5		
14		R3 mm		超差不得分	5		
15	普通外螺纹	M38 × 1.5—6g		不合格不得分	6		
16	槽	6 mm × 2 mm		超差不得分	4		
17	抛物线	$z=x^2/(-30)$		不合格不得分	8		
18	倒角	C2 mm		超差不得分	2		
19	表面粗糙度	Ra1.6 μm（3 处）		降级不得分	3 × 1		
20		Ra3.2 μm（9 处）		降级不得分	9 × 1		
21	安全文明生产	严格遵守安全文明生产要求		违反一次扣 1 分，扣完为止	5		

二十五、高级工职业技能鉴定考核应会试题 10

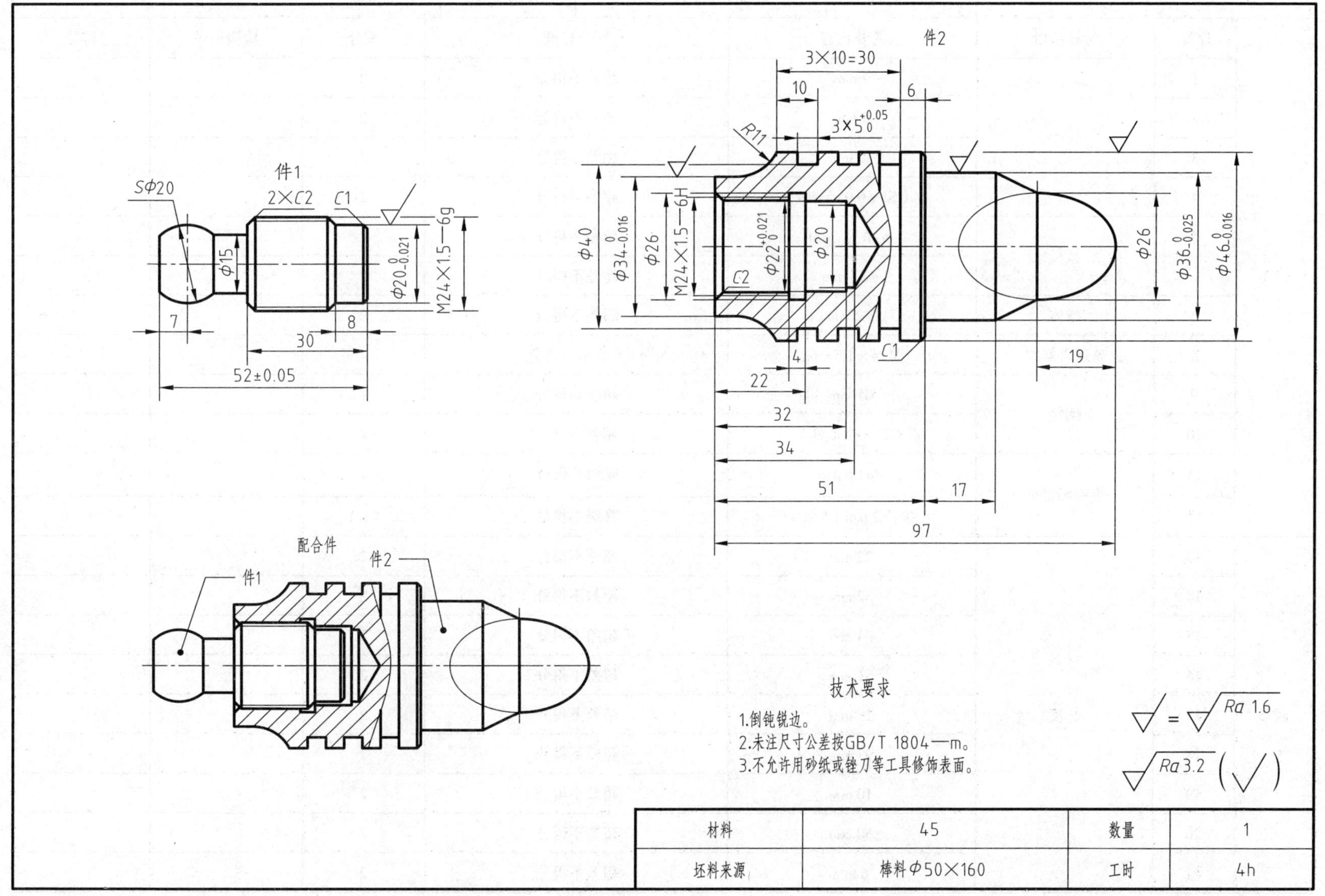

评分表			考件名称	高级工应会试题 10	检测编号		总分	
	序号	考核项目	考核内容	评分标准		配分	检测记录	得分
件 1	1	长度	7 mm	超差不得分		2		
	2		8 mm	超差不得分		2		
	3		30 mm	超差不得分		2		
	4		（52 ± 0.05）mm	超差不得分		2		
	5	直径	$\phi 20_{-0.021}^{0}$ mm	超差不得分		2		
	6		ϕ15 mm	超差不得分		2		
	7	球体	$S\phi$20 mm	超差不得分		2		
	8	普通外螺纹	M24 × 1.5—6g	不合格不得分		4		
	9	倒角	C1 mm	超差不得分		1		
	10		C2 mm（2 处）	超差不得分		2 × 1		
	11	表面粗糙度	Ra1.6 μm	降级不得分		1		
	12		Ra3.2 μm（5 处）	降级不得分		5 × 1		
件 2	13	长度	22 mm	超差不得分		2		
	14		32 mm	超差不得分		2		
	15		34 mm	超差不得分		2		
	16		51 mm	超差不得分		2		
	17		17 mm	超差不得分		2		
	18		97 mm	超差不得分		2		
	19		10 mm	超差不得分		2		
	20		30 mm	超差不得分		2		
	21		6 mm	超差不得分		2		

续表

评分表			考件名称	高级工应会试题 10	检测编号		总分	
	序号	考核项目	考核内容	评分标准		配分	检测记录	得分
件 2	22	直径	$\phi 36_{-0.025}^{0}$ mm	超差不得分		2		
	23		$\phi 46_{-0.016}^{0}$ mm（4 处）	超差不得分		4×1		
	24		$\phi 34_{-0.016}^{0}$ mm	超差不得分		2		
	25		$\phi 22_{0}^{+0.021}$ mm	超差不得分		2		
	26		$\phi 20$ mm	超差不得分		2		
	27	圆弧	$R11$ mm	超差不得分		3		
	28	普通内螺纹	M24×1.5—6H	不合格不得分		4		
	29	槽	4 mm×$\phi 26$ mm	超差不得分		2		
	30		$5_{0}^{+0.05}$ mm×$\phi 40$ mm（3 处）	超差不得分		3×2		
	31	椭圆	长半轴：19 mm	超差不得分		4		
	32		短轴：$\phi 26$ mm	超差不得分		4		
	33	倒角	$C2$ mm	超差不得分		1		
	34		$C1$ mm	超差不得分		1		
	35	表面粗糙度	$Ra1.6$ μm（6 处）	降级不得分		6×0.5		
	36		$Ra3.2$ μm（10 处）	降级不得分		10×0.5		
配合	37	内、外螺纹配合	M24×1.5—6H/6g	不能全部旋入不得分		5		
安全文明生产			严格遵守安全文明生产要求	违反一次扣 1 分，扣完为止		5		